KB188317

카카오에서 초콜릿까지

카카오에서
초콜릿까지

From Cacao to Chocolate

김종수 지음

들어가는 글

　흔히들 초콜릿은 예술이라고 한다. 그 맛과 멋이 예술품이라고 할 만큼 달콤하고 아름답기 때문일 것이다. 또한 초콜릿의 원료인 카카오는 그 신비함 때문에 '신의 음식'으로까지 일컬어졌다. 커피와 초콜릿이 유럽에 소개되었을 때 둘은 사람들의 사랑을 차지하기 위해 경쟁을 벌였다. 아쉽게도 양적으로는 보다 풍부했던 커피에 밀렸지만, 초콜릿은 여전히 귀중품처럼 사랑받고 있으니 오히려 다행스러운 일이었는지도 모른다. 이제 초콜릿은 고급스러운 귀족들의 사치품에서 벗어나 일상의 연인이 되었다. 그뿐만 아니라 누구든지 직접 만들어서 자신의 마음을 담을 수도 있게 되었다.

　초콜릿을 연구하고 개발하는 일에 참여한 지 이십 년이 흘렀다. 문외한으로 시작해서 미약하나마 초콜릿 분야의 전문가가 된 그동안의 배움을 정리하고 싶은 생각이 들었다. 초콜릿과 관련하여 여러 가지 책들이 이미 나와 있다. 우리나라에서 발간된 대부분의 책은 직접 초콜릿을 만드는 소비자를 위한 가이드로 쉽고 접근성은 좋지만, 기술적이고 전문적인 부분은 미흡한 편이다. 외국에서 출간된 전문적인 책이나 잡지는 일반 독자가 구하기는 쉽지 않으며 분량이 많고 외국어라서 대부분 실질적으로 활용하기가 어려운 것이 현실이다. 이 책은 이 두 가지의 접점을 찾아보려고 노력한 것이다. 초콜릿 분야에서의 전문적이고 기술적인 내용과 실제적인 활용이라는 양면을 조화시키려고 노력했다.

우리나라에는 초콜릿을 카카오 원료부터 가공하여 제품화하는 곳이 드물다. 다행스럽게도 필자는 기초 원료부터 공부하고 취급할 수 있는 환경에서 일할 기회를 가졌다. 이것은 다른 곳에서는 얻을 수 없는 산업체만의 고유한 장점이기도 하다.

처음에는 카카오라는 이름조차 생소했는데 선배들의 가르침을 받고 일터에서 시행착오도 겪으면서 배우고 깨달은 것이 적지 않다. 미국, 일본, 독일, 스위스 등 초콜릿 선진국에 가서 앞선 기술을 습득하기도 했고, 국내에서도 많은 연구와 경험을 했다. 그럼에도 가지고 있는 지식이 부족해 초콜릿 제조 기술과 관련하여 궁금한 것도 많고 참고하고 싶은 내용도 많은데 어디서 누구에게 도움을 받아야 할지 답답하기도 했다. 이 책이 초콜릿에 대해서 새롭게 배우고자 하는 사람들과 현재 이 분야에서 일을 하는 사람들에게 자그마한 도움이라도 되었으면 하는 바람이다. 아울러 초콜릿에 관심 있는 일반 독자들이 초콜릿을 이해하는 데도 도움이 되길 바란다.

이 책에 기록한 내용에 필자의 체험만 있는 것은 아니다. 관련 서적에서 유익하고 필요한 내용을 인용하기도 했고, 각종 세미나 자료 및 잡지 등에서 참고한 것도 많다. 어떻게 해서든지 초콜릿에 관한 유익한 정보와 지식을 최대한 끄집어내 유용한 핸드북을 만들어보고자 했다.

처음으로 초콜릿을 접하고 나서 지금까지 가르치고 이끌어주신 롯데중앙연구소 소장님들과 선후배 연구원들에게 감사를 드린다. 초콜릿에 대해 배우고 또한 일할 수 있는 기회를 준 직장인 롯데에도 감사를 드린다. 그 외 초콜릿과 관련하여 함께 달려온 학계 및 산업계의 많은 사람들에게 감사하는 것은 그들의 노력으로 한국의 초콜릿 산업이 크게 발전했기 때문이다. 사랑하는 가족들에게 감사의 마음을 전하며 나의 하나님께 모든 영광을 돌린다.

이 책을 펴낼 수 있도록 도와주신 도서출판 한울의 모든 분에게 감사를 드린다. 이 책이 초콜릿 분야에서 일하는 사람들과 초콜릿을 즐기고 관심을 가진 모든 사람들에게 작은 유익이 되기를 간절히 소망한다.

2012년 9월
김종수

차례

제1부

초콜릿 원료

01 · 카카오나무

초콜릿을 이해하기에 앞서 초콜릿의 독특한 원료인 카카오와 카카오가 초콜릿으로 발전하기까지의 시대적 과정을 살펴보자.

초콜릿의 기본 원료이자 초콜릿을 특징짓는 것은 카카오(cacao)[1]이다. 카카오는 카카오나무의 열매로, 카카오나무의 학명인 'Theobroma cacao'에는 '신의 음식'이란 뜻이 있다. 카카오나무는 남미의 아마존 지역이 원산지이며, 이후 아메리카 대륙의 적도 지역으로 퍼져 나가 약 4,000년 전부터 사람들에게 이용되어왔다. 기원전 600년경 멕시코 남부의 재배기록이 가장 오래된 기록이라고 추정되지만, 중남미 인디오들은 그보다 더 이전부터 재배했을 것으로 생각된다.

콜럼버스가 네 번째로 아메리카를 여행했던 1502년에 카카

---

1) 일반적으로 카카오나무에서 수확한 열매를 '카카오'라고 하고, '코코아'는 카카오를 가공한 것을 말한다. 이 책에서는 나무나 열매에는 '카카오'를 코코아매스, 코코아버터, 코코아분말 등 가공품에는 '코코아'라는 용어를 사용한다.

오나무를 발견하여 스페인으로 가지고 왔지만 그때는 그 가치를 알지 못했다. 당시에 중남미 인디오들은 카카오열매로 음료를 만들어 먹었던 것으로 알려져 있는데, 카카오열매를 수확해서 음료로 만드는 가공 공정은 오늘날과 매우 흡사했을 것으로 추측된다. 하지만 설탕이 없던 때이므로 맛은 아주 썼을 것이다.

카카오에 우유를 넣어서 먹는 것은 18세기 영국에서 시작되어 큰 인기를 끌었다. 19세기 초에는 네덜란드의 반 후텐(Coenraad Johannes van Houten, 1801~1887)이 코코아매스(cocoa mass)를 기계로 압착하여 코코아버터와 코코아분말을 분리해내는 방법을 발명했다. 이후 기술이 빠르게 발전해 1847년에는 초콜릿바가 생산되기 시작했다. 1879년에는 스위스의 린트(Rodolphe Lindt, 1855~1909)가 콘체(conche)를 발명해 기계적으로 작업할 수 있게 되어, 흐름성이 좋고 상태가 균일한 초콜릿 페이스트(chocolate paste)를 만들 수 있게 되었다.

보통 야생에서 자라는 카카오나무는 수명이 150년 이상으로 추정되고 높이가 20m 정도이지만, 재배할 경우에는 5~10m 정도로 맞춘다. 카카오나무는 심은 후 5년 정도가 되면 열매를 맺기 시작해서 수령 10~25년에 열매를 가장 많이 맺는다. 단위 수확량은 재배지역, 품종, 수령 등에 따라 변하는데, 보통 건조 카카오빈(cacao bean)을 기준으로 헥타르당 200~600kg이다. 카카오나무의 꽃은 하얗고 핑크색을 띠고 줄기 및 굵은 가지에 무리 지어 피는 특징이 있다.

카카오나무의 열매는 길이 10~32㎝의 타원 모양으로 카카오 포드(cacao pod)라고 한다. 수정에서부터 열매가 익기까지 4~8개월이 걸리는데, 이 기간은 나무의 종류, 지역, 기후 등에 따라 다르다. 카카오나무 한 그루에 30~50개의 열매가 달린다. 열매 안쪽에는 5열로 된 핑크색 펄프(pulp)가 있고 이 속에 40~60개의 카카오빈이 들어 있다. 카카오열매가 익으면 겉은 노랗거나 적갈색을 띠며, 카카오빈은 하얀색 또는 핑크색에서 짙은 적색으로 변한다. 카카오빈의 약 55%는 지방 성분이다. 열매가 잘 익으면 줄기로부터 조심스럽게 잘라내어 수확한다.

카카오나무의 수확기와 수확횟수는 기후조건에 따라 다르며 가나나 코트디부아르[2] 같은 아프리카의 주산지에서는 수확기를 크게 주 수확기와 중간 수확기의 두 번으로 나눈다. 주 수확기는 보통 9월에서 12월, 좀 더 긴 경우 다음 해 3월까지로, 이 기간의 수확량이 아프리카 전체 카카오 생산량의 75~80%를 차지한다. 중간 수확기는 5월에서 8월까지로 전체 생산량의 20~25%를 차지한다.

카카오나무의 재배에는 온도 27~30℃에 습도 90~100%, 연간 강수량 1,700~3,000mm인 열대 기후가 적합하다. 이런 이유

---

2) 영어권에서는 '아이보리코스트'라 불린다.

로 카카오나무의 재배지는 적도를 기준으로 북위 18°부터 남위 15°까지의 지역인 중미, 아프리카, 동남아 등에 집중되어 있다.

02 · 카카오빈 발효

초콜릿의 맛을 좌우하는 카카오의 풍미는 주로 두 과정에서 발생한다. 하나는 카카오를 재배하는 농장에서 이루어지는 발효(fermentation) 과정이고 다른 하나는 카카오를 가공하는 공장에서 이루어지는 로스팅(roasting) 과정이다.

발효방법에는 카카오열매를 발효상자에 넣어서 발효시키는 방법과 바나나 잎으로 덮어서 발효시키는 방법이 있다. 일반적으로 대규모 재배자는 발효상자를 이용하고, 소규모 재배자는 바나나 잎을 이용한다. 카카오포드 안에 있는 카카오빈은 발효 과정을 거쳐 단단한 껍질이 벗겨지고 독특한 풍미가 생긴다. 그리하여 코코아매스, 코코아버터, 코코아분말과 같은 코코아 원료들을 만들 수 있는 상태가 되는 것이다.

카카오빈의 발효 과정은 크게 5단계로 이루어지며, 전체적으로 3~7일 정도가 소요된다. 카카오빈 품종 중 크리올로(Criollo) 종은 발효에 1~2일이 소요되지만, 포라스테로(Forastero) 종은 5~6일 또는 그 이상이 소요되기도 한다. 각 발효 단계마다 다양한 미생물이 관여하여 유기적으로 발효가 이루어진다.

발효 1단계는 혐기적 발효 단계로, 효모가 카카오열매의 펄프에 포함된 당을 이용해서 에탄올 발효를 일으킨다. 이때 펙틴이 분해되며 수소이온농도지수(pH)가[3] 4.5에서 5.0 정도로 올라간다. 내부 온도는 35℃ 정도이다. 이 단계는 1일 정도 소요된다.

2단계의 유산균은 효모보다 호기적 성격이지만 이 호기성이 오래가지는 않는다. 혐기성 세균에 의해 포도당이 에탄올과 젖산으로 분해되고, 펙틴이 분해되어 펄프에 유동성이 생겨 액화되면서 내부에 공기가 들어가게 된다. 이와 함께 혐기성 세균들이 점차 사라진다. 내부 온도는 55℃ 정도이다.

3단계에서 카카오빈을 휘저어 섞어 통기성을 개선시켜 호기적 조건을 만들면 호기성균인 초산균이 에탄올을 산화시켜 초산을 생산하면서 내부 온도는 50℃ 정도가 된다. 에탄올이 전부 산화되면 내부 온도는 급속히 떨어진다.

4단계에서 포자 형성균인 고초균(bacillus subtilis)이 초산을 이산화탄소와 물로 분해하면 발효는 종료된다. 이런 과정들을 거쳐 카카오열매 외부의 펄프는 유실되고 내부의 빈만 남는다.

마지막 5단계에서는 곰팡이가 생기지 않도록 수분이 8% 이

---

3) 수소이온농도지수는 일반적으로 용액의 산성 정도를 나타내는 값으로 쓰인다. pH7이 중성으로 pH 수치가 낮을수록 산성 정도가 강하다.

하(보통 7~8% 정도)가 되도록 건조시키고, 초산을 휘발시켜 최종 원료 상태인 카카오빈을 생산한다.

발효가 불충분하면 쓴맛과 떫은맛이 강해지고, 지나치면 햄과 같은 냄새나 썩은 냄새가 난다. 과일 같은 풍미는 산(酸) 성분의 맛과 연관 있다.

5단계 중 건조 과정에는 햇볕을 이용해 건조시키는 자연건조와 날씨나 건조 시간 등을 고려해 공기를 불어 넣어 강제로 건조시키는 인공건조가 있다.

자연건조는 시간과 노동력이 많이 들고 날씨에 의존하는 단점이 있지만, 카카오빈을 적절히 숙성(curing)시키면 건조시간을 줄일 수 있어 자연건조로도 완전하게 건조시킬 수 있다.

인공건조는 회전 드럼이나 트레이, 플랫폼, 벨트 등을 이용하여 날씨에 상관없이 균일하고 빠르게 건조시킬 수 있어 효과적이다. 작업공간이 작아도 되고 노동력도 적게 들며, 이물질의 혼입 위험성도 적다. 하지만 껍질 안에 있는 카카오빈의 내용물인 카카오닙(cacao nib 또는 cotyledon)에 있는 산이 카카오빈의 껍질(shell)로 옮겨 가지 않고 카카오닙 속에 농축되어 산미(酸味)가 나게 된다. 그 외에도 과도하게 부서진 카카오 껍질과 내용물의 비율이 커져서 나중에 로스팅에서 편차를 일으킬 수 있다.

가장 좋은 품질의 카카오빈은 햇볕으로 수분이 정확히 7.5% 정도가 되도록 건조시킨 것인데, 가나 및 코트디부아르 등에서

〈그림 1-2-1〉 카카오열매의 발효 과정   (참고사진: 273~274쪽)

(1) 카카오나무   (2) 줄기에 열린   (3) 카카오포드와 카카오빈
                            카카오포드

(4) 바나나 잎으로 덮은 카카오열매   (5) 발효상자

(6) 자연건조 중인 카카오빈   (7) 건조 후 포장한 카카오빈

〈그림 1-2-2〉 발효 중에 생기는 카카오열매의 화학적 변화

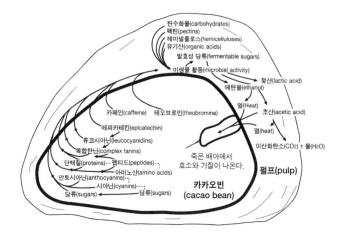

자료: Steve T. Beckett, *Industrial Chocolate Manufacturing and Use*, 3rd ed. (Wiley-Blackwell, 1999).

이 조건을 만족시키는 카카오빈이 많이 생산된다.

03 · 카카오의 풍미

풍미(flavor)는 방향(aroma)과 맛(taste)의 종합 산물이다. 방향은 식품을 입에 넣기 전에 느끼는 냄새이고 맛은 입에 넣었을 때에 느끼는 것이다. 따라서 풍미는 식품의 맛과 냄새, 혀에 닿는 느낌 등의 종합인 것이다. 초콜릿의 주원료인 카카오에는 어떤 풍미 성분이 있는가? 여기에는 처음부터 존재하는 것과 조리·가공에 의해 2차적으로 생성되는 것이 있다.

카카오의 방향 화합물은 총 387종인데 테르펜류(terpenes) 21종, 알데히드류(aldehydes) 24종, 아세탈류(acetals) 6종, 피라진류(pyrazines) 84종, 탄화수소류(hydrocarbons) 44종, 케톤류(ketones) 29종, 퓨란류(furanes) 16종, 황화합물류(sulphur compounds) 18종, 알코올류(alcohols) 27종, 락톤류(lactones) 62종, 아민류(amines)와 기타 베이스(bases) 19종 등이다. 그중에서 메틸피라진류(methylated pyrazines)는 카카오빈의 로스팅 최적화 정도의 지표로도 사용할 수 있다.

방향물은 여러 가지 작용에 의해 생성된다. 우선 열에 의한 절단, 캐러멜화, 비효소적 갈변(褐變)과 같은 가열작용에 의해서

<表 1-3-1> 발효 및 건조가 완료된 카카오빈의 성분 조성

성분	카카오닙	카카오 껍질
구성비(%)	85~90	10~15
수분(%)	4.3~6.3	6.4~9.3
지방(%)	50.1~57.4	2.0~4.0
단백질(%)	11.1~19.3	13.7~21.7
전분(%)	5.0~10.0	2.8~3.0
환원당(%)	1.4~1.8	0.1
자당(%)	6.2	2.8~3.0
펙틴(%)	4.1	7.0~8.0
조섬유(%)	2.1~3.1	16.0~18.6
셀룰로스(%)	1.9~9.3	13.7~27.0
5탄당류(%)	1.2~1.5	7.0
테오브로민(%)	1.0~1.6	0.3~0.8
카페인(%)	0.2	0.1
회분(%)	2.5~4.5	6.9~8.7
폴리페놀류(%)	6.2	3.3
유기산류(%)	1.4	
아미노산류(%)	0.3~0.6	
수소이온농도지수(pH)	4.9~6.0	

자료: 蜂屋巖, 『チョコレートの科學—苦くて甘い「神の惠み」』(講談社, 1992).

생성된다. 그리고 황화합물의 산화나 지질의 산화와 같은 산화환원 과정에 의해서도 생성된다. 이 외에도 방향 화합물의 생합성, 단백질의 합성과 분해, 탄수화물의 분해와 같은 효소적 작용에 의해서도 생성된다.

맛 성분으로는 폴리페놀류(polyphenols), 푸린알칼로이드류

(purine alkaloids), 테오브로민(theobromine), 카페인(caffeine) 등이 있다. 쓴맛은 발효 및 건조 과정에서 폴리페놀류의 변화와 밀접한 관계가 있는데, 산화 중합이 충분하면 부드러운 쓴맛이 나고 불충분하면 떫은맛이 강하다.

04 · 카카오빈의 품질

초콜릿의 품질을 유지·관리하기 위해서는 기본원료인 카카오빈의 품질을 정확히 관리해야 한다. 공급자와 사용자가 하는 카카오빈 품질평가에는 외관에 대한 가시적 검사도 있지만 카카오빈 내부에 대한 검사가 더 중요하다. 카카오빈의 폴리페놀의 변화를 추적해서 품질을 판정하기도 하는데, 폴리페놀 함유량과 그 구성 성분을 파악해 로스팅, 콘칭(conching) 등 초콜릿 제조 공정 중의 풍미 생성 및 그 정도를 판단하는 근거로 삼을 수 있다.

1. 절단 테스트(cutting test)

발효율, 곰팡이율, 충해율 등을 눈으로 판정하고 발효냄새와 곰팡이냄새를 관능(官能)[4]으로 판정하는 방법이다. 보통 300개 이상의 카카오빈을 무작위로 채취한 후 절단해서 절단면이 보이

---

4) 사람의 감각. 빛깔이나 맛, 향기 등 기호에 관한 것처럼 수치화하기 어려운 대상을 검사할 때 많이 사용한다.

〈그림 1-4-1〉 카카오빈의 절단 테스트 예 　(참고사진: 275쪽)

〈그림 1-4-2〉 카카오빈 절단면과 발효 상태 　(참고사진: 275쪽)

완숙(적갈색) 　　반발효(보라색) 　　미발효(암회색)

자료: deZaan, *The cocoa manual*(deZaan, 1993).

도록 패널에 붙인다(〈그림 1-4-1〉). 그다음 빈의 품질평가기준
(〈그림 1-4-2〉)에 따라 품질을 확인한다. 발효 정도에 대한 평가

〈표 1-4-1〉 카카오빈의 품질평가 관련 용어

암회색 (Slaty)	닙이 고무 같고 거무스름한 색상으로, 절단 및 로스팅에 대한 저항 등 다양한 카카오빈의 특성이 없고 수렴성(astringency)이 강하다. 일반적으로 발효가 안 된 포라스테로 종과 일부 혼종에서 발견되나 아주 옅은 크리올로 종 또는 거무스름한 닙 대신 갈색의 고체물질이 보이는 크리올로 종에서도 발견된다.
보라색 (Purple Color)	발효를 필요 이상으로 빨리 끝낸 포라스테로 빈에서 전형적으로 나타나지만, 많은 포라스테로 빈이 적정 발효 이후에도 종종 보라색 톤을 가진다.
갈색과 밝은 갈색 (Brown and Light Brown)	잘 발효된 빈일 수도 있다. 더 밝은 색상은 발효와 건조의 다양성에서 비롯할 수도 있지만, 발효 및 건조 시 주의가 부족했을 수도 있다.
진한 갈색 (Dark Brown)	발효가 잘 이루어진 빈으로서 재배되는 지역뿐만 아니라 품종을 나타낼 수 있는데, 전형적인 형태로 에콰도르에서 재배된 빈을 들 수 있다.
곰팡이 핌 (Moldy)	불필요한 습기와 발효 시 부주의로 발생한다. 곰팡이는 배아 부분을 통해서 빈으로 침투하여 풍미와 닙, 빈 전체를 망가뜨린다.
벌레 먹음 (Insect Activity)	빈이 곡물에 발생하는 벌레나 나방 등이 침투해서 닙을 망가뜨릴 수 있는 부적합한 조건에 노출될 때 발생한다.
주름지거나 납작한 빈 (Shriveled and/ or Flat Beans)	작고 불완전하며 납작한 카카오빈은 매우 광범위하게 껍질과 너무 작은 닙을 야기한다.
발효 (Fermentation)	카카오빈 가공 중 가장 중요한 세부 사항 중 하나는 점액에 있는 당류가 알코올로 전환되는 것인데, 이는 카카오포드 내부의 무균성 물질에 있는 효모가 공기에 노출될 때 이루어진다. 그다음 알코올은 초산으로 변하게 된다. 효소적 반응은 배아의 생명을 제거하고 발효 과정을 수행할 때 단순히 시간이 없어 발효가 불충분한 카카오빈의 발효에 기여한다. 절단된 빈을 조사하면 빈의 발효 진척을 볼 수 있다.

빈 덩어리 (Multiples)	빈 덩어리는 빈들이 함께 건조될 때 발생하는데 덩어리는 2개 또는 3개 이상으로 구성될 수도 있다. 카카오빈 덩어리는 로스팅 및 탈피를 어렵게 만든다. 로스팅 전 선별 공정에서 제거되지 않으면 로스팅 후에 분쇄 및 팬으로 덩어리를 제거하게 된다.
빈 100개당 중량 (Weight per 100 beans)	빈 100개당 중량은 개별적으로는 어떤 정확성을 갖지 않고 전체적인 특성만을 나타낸다. 일반적으로 카카오빈의 중량을 빈의 크기와 연관시키는데, 발효가 좋고 건조 상태에서 수분이 낮은 경우에는 적합하다. 발효가 되지 않고 수분이 9% 또는 심지어 8%여도 같은 중량에 도달할 수도 있지만 전통적으로는 중량 시험을 거치게 된다.
수소이온 농도지수(pH)	카카오빈은 태양열에 노출시키거나 인위적으로 가열시켜 건조하거나 또는 다른 인위적인 수단에 의해 얻어지는데 나라마다 산도가 크게 다를 수 있다. 건조에서 이상적인 수분 함유량은 7% 정도이고 5% 이하는 바람직하지 않다.

자료: Silvio Crespo, *Cacao Beans Today*(Wilbur Chocolate Co, 1986).

에는 개인적인 편차가 많이 존재하므로 표준화된 절단 시험 샘플로 관찰과 훈련을 반복하여 평가자 간에 이견의 폭을 줄이는 것이 필요하다.

　카카오빈의 발효 상태는 절단면의 색상을 살펴 알 수 있다. 절단면이 적갈색인 카카오빈은 발효가 잘된 것이다. 절단면 색상이 옅은 핑크색이나 베이지, 황갈색인 카카오빈은 발효가 불충분한 것이고, 진한 갈색이나 흑색인 카카오빈은 발효가 지나치거나 병에 걸렸거나 탄 것이다. 암회색은 발효가 안 된 것이다.

　절단면이 보라색이면서 조직이 꽉 찬 카카오빈은 발효가 불

〈표 1-4-2〉 가나산 카카오빈의 절단 테스트에 의한 자가 품질 기준 예

종류			카카오빈
규격		색상	106~110g/100개 (91~96개/100g)
절단: 총 100개	미발효	암회색	〈 10%
	반발효	보라색	5~15%
	완숙	갈색, 밝은 갈색	10~30%
		진한 갈색	55~75%
	곰팡이 발생		〈 1%
외관(개/100개)			빈 덩어리(Multiples) 〈 1% 납작함(Flat) 〈 1%

충분한 것이다. 자주색이면서 조직이 갈라져 있는 카카오빈은 발효가 잘됐거나 약간 부족한 것이다. 갈색이나 갈색을 띤 보라색은 발효가 잘된 것이고, 진한 갈색은 발효가 많이 되었거나 충분히 발효되었음을 나타낸다.

〈표 1-4-2〉는 가나산 카카오빈의 절단면에 따른 일반적인 품질평가 기준의 예이다. 품질평가 기준표의 기준은 카카오빈의 공급자가 아닌 사용자의 입장에서 만들어진 것이다. 보통 공급자의 카카오빈 규격 기준은 수분 함유량이나 곰팡이 발생률 정도로 단순한 반면 사용자의 기준은 엄격하다. 〈표 1-4-3〉은 카카오빈의 품질에 따른 등급 구분의 기준들이다.

〈표 1-4-3〉 카카오빈의 표준 비교

모델규정	설명	100g당 빈의 수	결점(%)		결함*	수분 (%)	이물 (%)
			곰팡이 (mould)	슬레이트 (slate)			
FAO	1등급	NS (균일 크기)	3	3	3	7.5	0
AFCC	완숙	100	5	5	**	NS	NS
CAL	완숙 (main crop)	100	5	5	**	NS	NS
CMAA	예: Ghana main crop	100	4***	10	4***	NS	NS

* 벌레가 먹었거나(infested), 발아했거나(germinated), 납작한(flat) 것.
** 벌레 먹은 빈은 곰팡이 빈(mouldy)에 포함.
*** 곰팡이 빈과 벌레 먹은 빈의 최대 수는 6%.
NS: 규정 없음.
FAO: 유엔식량농업기구(Food and Agricultural Organization)에서는 코코아는 발효 (fermented)되어야 하고 이물이나 이취(foreign odours)가 없어야 하고 오염 (adulterated)되어서는 안 된다고 규정.
AFCC: 프랑스 코코아 무역협회(Association Française du Commerce des Cacaos)
CAL: 런던 코코아 협회(Cocoa Association of London Ltd.)
CMAA: 미국 코코아 상인협회(Cocoa Merchant's Association of America, Inc.)
자료: Robin Dand, *The international cocoa trade*(Woodhead Publishing, 1995).

절단 시험에서 카카오빈의 발효율은 다음과 같이 구한다.

발효율(%) = (완숙빈 비율 × 1) + (미발효빈 비율 × 0.75)

+ (반발효빈 비율 × 0.5)

2. 크기 측정

100g당 카카오빈의 낱개 수를 세어 품질을 확인한다. 빈의 크기가 일정해야 분쇄된 상태에서 크기 분포가 균일할 수 있고 이후 로스팅 등의 공정에서 일정한 품질을 얻을 수 있다. 카카오빈의 크기가 너무 작으면 최종적인 수율(收率)도 낮을 뿐만 아니라 로스팅이 지나칠 수 있다. 로스팅이 지나치면 코코아매스에서 탄 맛이 강하게 나게 된다. 반대로 카카오빈이 너무 크면 가공에 높은 온도와 긴 시간이 필요해 에너지 비용이 증가하고 생산능력도 저하된다.

3. 방향 지표(Aroma Index)

카카오빈을 직접 측정하는 것이 아니라 코코아매스를 수증기로 증류하여 향기물질인 피라진류의 총량을 지표로 측정하는 방법이다. 방향 지표에 대한 자세한 내용은 110쪽 이후를 참고하라.

4. 관능 평가

일반적으로 카카오빈의 프로필에 따라 평가한다(〈그림 1-4-3〉). 가공 과정 중 여러 단계에서 맛의 관능 평가를 할 수 있는데, 주로 로스팅을 마친 다음과 미세화 이후 최종단계에서 한다. 관능 평가에서 주의할 것은 평가 용어에 대한 명확한 규정이 있어야 하고 그에 대한 이해가 우선되어야 한다는 점이다. 맛에 대

〈그림 1-4-3〉 카카오빈의 관능평가 프로필 예시

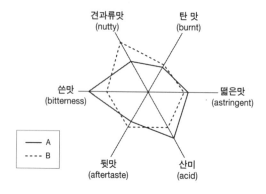

한 평가는 평가자의 경험과 주관이 반영될 수밖에 없으므로 평가 전에 각 항목에 대한 공통적인 이해와 함께 관능 평가의 표준화를 선행해야 한다. 점수척도를 적용할 경우에는 평가결과의 수치에 대해서 평가자 간에 어느 정도 합의가 있어야 평가오차를 줄이고 신뢰성 있는 평가결과를 도출할 수 있다. 서로 다른 평가수치에 대해서 서로의 평가 근거를 듣고 의견을 나누는 것이 좋다.

5. 폴리페놀 분석

카카오빈의 껍질 및 닙을 열수 처리해 폴리페놀 성분을 추출해 아세톤으로 세척한다. 아세톤은 증발시켜 제거하고 희석한 탄산소다액으로 pH 수치를 7.5로 조정한다. Sephadex SR 25/45 Column에서 크로마토그래피법을 이용해 분획 측정한다.

05 · 테오브로민

카카오에는 테오브로민(theobromine)이라는 독특한 물질이 들어 있다(〈그림 1-5-1〉). 테오브로민은 차(tea)나 콜라 넛(cola nut)에도 소량 들어 있지만 커피에는 들어 있지 않다. 카카오의 카페인 함유량은 코코아매스 기준으로 보통 0.1% 정도로 적은 데도 카카오가 자극성을 가지는 것은 이 테오브로민 성분 때문이다. 이 성분은 구조가 카페인과 비슷한 푸린알칼로이드로 중추신경을 자극해 기분을 좋게 하고, 혈관을 확장해 혈액순환을 촉진시키며, 피로 회복 및 이뇨효과가 있다. 그러나 과잉섭취하면 흥분, 신경과민, 구토, 불면증 등의 부작용이 생길 수 있다.

일반적으로 카카오빈에는 테오브로민이 0.8% 함유되어 있으며, 코코아매스로 가공하면 함유량이 1.1~1.3% 정도로 올라간다. 각 성분의 함유량은 문헌에 따라 다소 차이가 있다. 코코아매스는 일정한 함유량의 테오브로민을 가지고 있기 때문에 역으로 테오브로민 함유량을 알면 초콜릿의 코코아매스 함유량을 추정할 수 있다. 예를 들어 정확한 배합구성을 모르는 어떤 초콜릿 제품의

〈그림 1-5-1〉 테오브로민의 화학적 구조와 입체적 구조

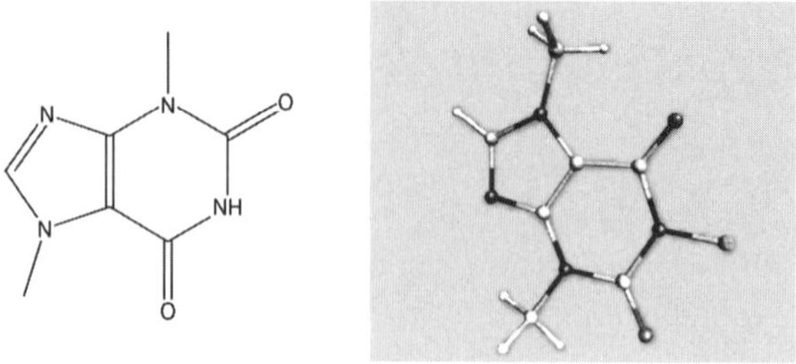

테오브로민 함유량을 알아내어 환산하면 해당 제품에 사용된 코코아매스 함유량을 추정할 수 있다.

다크초콜릿은 코코아매스의 함유량이 많아 밀크초콜릿보다 테오브로민의 함유량이 많다[5]. 코코아매스를 10% 이상 함유하는 밀크초콜릿과 15% 이상을 함유하는 스위트 초콜릿(sweet chocolate), 그리고 35% 이상을 함유하는 비터 스위트 초콜릿(bitter-sweet chocolate) 또는 세미 스위트 초콜릿(semi-sweet chocolate)에서도 코코아매스의 함유량이 많아질수록 테오브로민의 함유량도 많아진다.

---

5) 다크초콜릿은 보통 밀크초콜릿에 대응하는 일반 명칭이다. 초콜릿의 구분 방법은 국가마다 다르지만 코코아매스와 코코아버터, 우유성분 함유량 등에 따라 구분하는 것이 일반적이다. 단맛에 따라 sweet, semi-sweet (bitter sweet), unsweet로 구분하기도 하지만 명칭이 통일된 것이 아니다. 예를 들어 쓴맛이 나는 코코아매스만을 함유한 초콜릿은 unsweetened chocolate 또는 bitter chocolate이라 불린다.

06 · 카카오빈과 수분

　카카오빈의 건조 과정은 카카오빈 가공의 기초 단계로서 중간 제품인 코코아매스뿐만 아니라 초콜릿의 맛에도 큰 영향을 미친다. 특히 카카오빈의 건조 시간은 카카오의 맛에 중요한 영향을 끼친다. 건조가 너무 급하면 빈에서 신맛이 강하게 나게 되므로 좋은 맛을 내기 위해서는 저온이나 중간 정도의 온도에서 오랫동안 건조하는 것이 바람직하다. 건조 후의 수분 함유량은 풍미는 물론 미생물 발생 등 위생 및 안전에도 매우 중요하다.

　일반적으로 수분 함유량이 8%를 넘으면 곰팡이가 발생하기 쉽다. 곰팡이가 발생하면 초콜릿에 고약한 풍미가 많이 생긴다. 반대로 너무 건조되어 수분 함유량이 6% 이하가 되면 카카오빈이 부서지기 쉬워져서 취급 및 가공이 어렵다. 일반적으로 수분 함유량을 7~8%로 조절하면 취급이 쉬우면서 곰팡이 발생을 억제할 수 있다.

　이렇게 건조시킨 카카오빈이 보관 및 유통 과정에서 수분을 흡수하지 않도록 하는 것 또한 건조 과정만큼이나 중요하다. 원산

〈그림 1-6-1〉 수분을 흡수해 곰팡이가 발생한 카카오빈 (참고사진: 276쪽)

지에서 건조를 마친 카카오빈을 수출을 위해 배에 선적할 때의 온도는 보통 30℃ 정도인데 유통 중의 수분 함유량이 8%라 하면 평형상대습도는 약 75%이다. 평형상대습도가 75% 이하가 되면 카카오빈이 건조해지고, 75%를 초과하게 되면 카카오빈이 수분을 흡수한다. 따라서 습도가 높은 곳에 카카오빈을 보관해 수분 함유량이 8%를 넘는 일이 생기지 않도록 주의해야 한다. 카카오빈은 생산과 발효, 건조, 보관 및 유통 등 다양한 경로를 거쳐서 사용자에게 도달하므로 모든 과정에서 주의가 필요하다.

사용자의 최종검사 단계에서 카카오빈이 곰팡이 때문에 사용 불가능한 경우가 있다(〈그림 1-6-1〉). 이때는 생산뿐만 아니라 유통·보관 등 전체 과정을 추적조사해서 원인을 규명해야 한다. 항구의 창고에서 공장까지 운송하는 차량이 빗물에 젖어 수분이 증가해서 곰팡이가 발생하는 경우 등도 있지만, 보통은 생산지에서 배로 운송하는 과정에서 기후나 기상 등이 영향을 크게 미친다. 운송 중에 발생되는 응축수 등에도 주의해야 하며, 수분을 제거하는 환기 시스템 등으로 수분을 관리해야 한다.

07 · 산지별 카카오 원료

　카카오빈의 특성은 카카오나무의 품종에 따라 다르다. 'Theobroma cacao'에 속하는 카카오 품종은 크게 크리올로 종과 포라스테로 종으로 구분된다(〈그림 1-7-1〉). 이 두 가지 외에 교배종으로 트리니타리오(Trinitario) 종이 있다. 현재 20개가 넘는 다양한 세부 품종이 개발되어 있다. 세계 카카오 생산량의 1% 정도가 크리올로 종이고 약 95%는 포라스테로 종이다.

〈그림 1-7-1〉 카카오의 품종

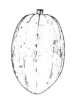

크리올로(Criollo)　　　　　　　포라스테로(Forastero)

자료: Ian Knight, *Chocolat & Cocoa: Health and Nutrition*(Wiley-Backwell,1999).

〈그림 1-7-2〉 산지별 카카오빈　　　　　　　　(참고사진: 277쪽)

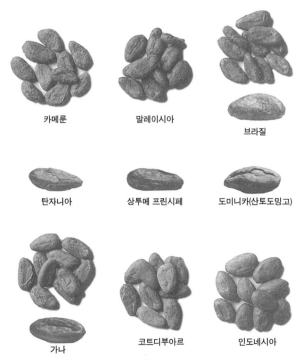

카메룬　　　　　　　말레이시아

브라질

탄자니아　　　　　상투메 프린시페　　　도미니카(산토도밍고)

가나　　　　　　코트디부아르　　　　인도네시아

자료: deZann, *deZaan Cocoa & Chocolate Manual*, 40th Anniversary Edition(ADM Cocoa International, 2009).

　　과테말라, 온두라스, 니카라과, 멕시코 등지에서 재배되고 있는 크리올로 종은 발효가 빠르지만 풍미는 약하다. 크리올로 종의 포드는 길쭉하고 노란빛을 띤 핑크색이며 껍질은 부드럽다. 빈은 동그란 모양으로 핑크 또는 하얀색이다. 포라스테로 종은

〈표 1-7-1〉 산지별 코코아버터의 특성 비교 예시

구분	가나산 코코아버터	아시아산 코코아버터
수분(%)	최대 0.2	최대 0.2
유리 지방산 [free fatty acid(%, m/m oleic acid)]	최대 1.75	최대 1.75
굴절률(Refractive index)	1.456~1.458	1.456~1.459
검화가(saponification value)	190~197	188~198
불검화물 [unsaponifiable matter(%)]	최대 0.35	최대 0.50
요오드가[iodine value(Wijs)]	33~38	32~39
융점[clear melting point(℃)]	32~35	33~35
과산화물가(peroxide value)	최대 4.0	최대 4.0
블루 값(blue value)	최대 0.05	최대 1.1

광범위한 지역에서 재배하는데 브라질과 서아프리카 등지에서 많이 재배된다. 포라스테로 종은 포드가 더 둥글고 녹색을 띠며 껍질은 단단하다. 빈은 적색에서 옅은 자색인데 크리올로 종보다 작고 납작하다. 포라스테로 종은 크리올로 종보다 유지를 많이 함유하며 발효하는 데 시간이 더 필요하다. 포라스테로 종은 향이 강해서 음용 밀크초콜릿에 널리 사용된다. 트리니타리오 종은 크리올로 종과 같이 좋은 카카오 향이 있기 때문에 고급 빈으로 간주된다.

카카오빈은 생산 지역에 따라 조성이 달라 풍미 강도·산미·쓴맛 등 맛이 다르고 유지의 특성도 다르다(〈표 1-7-1〉). 일반적으로 카카오의 성장환경이 적도에 가까울수록 유지가 더 단단하다. 브라질산 코코아버터는 20℃에서 고체유지 비율이 66%이고, 말레이시아산 코코아버터는 81%, 가나산 코코아버터는 그 중간 정도이다. 32.5℃에서는 차이가 더 커져서 브라질산 코코아버터의 고체유지비율은 단 7%이지만 말레이시아산 코코아버터는 20%나 된다. 이러한 차이는 지방산 조성 중 포화지방산과 불포화지방산의 함유량에 따른 것인데 상대적인 유지의 단단함은 특히 SOS/SOO(S: stearic acid, O: oleic acid)의 비율에 영향을 받는 것으로 추정된다.

일반적으로 아시아산 빈은 가나산 빈에 비해 풍미가 떨어진다. 또 말레이시아산 코코아버터는 상대적으로 단단한 반면에 브라질산 코코아버터는 훨씬 부드럽다. 하절기에 판매되는 초콜릿에는 단단한 유지가 좋지만 냉동식품과 관련된 것에는 부드러운 유지가 더 적합하다. 따라서 초콜릿의 용도에 따라 용해특성 및 내열성 등을 고려해서 사용하는 카카오의 산지를 고려해야 한다.

08 · 코코아매스

코코아매스는 초콜릿의 원료 중 특징적이며 기본적인 주원료이다. 코코아매스는 발효·건조시킨 카카오빈을 미세화(grinding 또는 refining)시켜 만든 페이스트 상태의 카카오 가공품이다. 이 코코아매스를 기초로 코코아분말, 코코아버터 등의 중간 원료를 만들고, 이 중간 원료에 여러 가지 재료를 넣고 가공해 초콜릿을 만든다.

코코아매스라는 명칭 외에도 다양한 명칭으로 부르는데 코코아 리큐어(cocoa liquor)라는 명칭도 일반적으로 사용하고 스위트 초콜릿의 대칭개념으로 비터 초콜릿(bitter chocolate)이라고도 한다.

카카오빈에서 코코아매스를 만드는 것은 많은 설비와 여러 단계를 거치는 복잡한 공정을 필요로 하기 때문에 일반적으로 초콜릿을 만들 때는 이미 제조되어 있는 코코아매스를 구입해서 사용한다. 자체 설비를 가지고 코코아매스를 만들려면 카카오빈의 수급이나 대규모 가공 설비가 큰 관건이 된다.

코코아매스의 제작 단계는 크게 이물질 제거, 분쇄 및 탈피, 로스팅, 미세화 과정으로 나눈다. 발효와 건조를 마친 카카오 빈을 저장 탱크(silo)에 넣은 다음 가공에 앞서 이물질을 제거한다.

이물질 제거는 크게 3단계로 이루어지는데 1단계는 체(sieve)를 사용해서 조잡하고 작은 이물질들을 크기와 비중에 따라 기계적으로 제거하는 단계이다. 껍질이나 빈을 담았던 포장재에서 혼입된 포장재료 등도 이 단계에서 가벼운 것으로 분리되어 제거된다. 2단계는 철이나 스테인리스 같은 금속 이물질을 제거하는 단계로 철 성분은 자석으로 제거하고 스테인리스나 비철금속은 금속 분리시스템을 통해 제거한다. 3단계는 돌을 제거하는 공정으로 비중 차이를 활용하여 제거하는데, 돌 이외에 유리 조각이나 작은 금속 조각도 함께 제거한다.

이물질 제거 과정은 코코아매스의 최종품질에 중요하며 이 공정이 잘 이루어져야만 후속 공정도 원활히 이루어질 수 있다. 이물질을 제거한 빈은 탈피 과정으로 보내는데 이 시점에서 카카오빈의 수율은 98~99% 정도이다.

탈피 과정은 가공 과정 중에서 전체 수율에 가장 큰 영향을 미치는 공정이다. 껍질을 제거하기 위해서 전처리를 하는데 여기에는 다양한 방법이 있다. 예비 건조를 통해 카카오빈의 수분 함유량을 4~5% 낮추는 방법, 적외선을 조사해서 수분 함유량을

0.5~1% 낮추는 방법, 차가운 빈에 증기를 사용하여 수분 함유량을 6~9% 높이는 방법, 예열시킨 빈에 증기로 수분 함유량을 1~1.5% 높이는 방법 등이 있다. 이때 사용하는 증기의 온도는 일반적으로 170~175℃이다. 적외선 조사법에서 적외선은 내부 분자를 충돌시켜 빈의 온도를 110~120℃로 올리면서 껍질과 속을 분리시키는 역할도 한다.

전처리로 껍질이 들뜬 빈에 강한 충격을 주어서 빈과 껍질을 함께 분쇄하면서 껍질을 벗긴다. 분쇄하는 방법은 원심분리 시스템을 활용하는 방법(centrifugal crushing system)과 분쇄 롤로 반동력을 활용하는 방법(reflex crushing system)이 있다. 충격을 받은 빈은 탈피되면서 다양한 크기의 닙(nib)으로 분쇄된다. 분리된 껍질인 쉘(shell)은 집진 장치 등을 통해 별도로 제거하고, 남은 닙은 저장 탱크에 보내 저장한다. 만일 닙 가운데 쉘이 많이 남아있으면 이후 로스팅 과정 등을 거치면서 강한 쓴맛이 날 수 있다. 일반적으로 닙 안에 남아 있는 쉘의 함유량은 0.5~1.0% 정도이고 쉘 안에 있는 닙의 함유량은 0.1~0.3% 정도이다. 분쇄 후 닙의 크기 분포가 너무 고르지 않고 크기가 너무 크거나 분쇄가 안 된 빈은 다시 되돌려 보내서 분쇄 과정을 반복한다.

이후 로스팅 과정에서 크기에 따라 온도를 조정하면 카카오의 맛을 균일하게 할 수 있다. 이를 위해서는 닙을 공기로 불어 분류하는 설비와 닙을 크기에 따라 별도로 저장하는 설비가 있어야 하고, 온도 등 공정도 별도로 관리해야 한다. 분쇄 후 빈의 수분 함유량은 3.5~5.5%가 된다.

다음 단계에서는 닙을 스팀이나 물로 세척(rinsing)한다. 닙의 세척과 살균, 로스팅 과정은 가공 설비에 따라 다르다. 그중 하나는 연속식(continuous type) 로스터로 리액터(reactor)에서 세척·살균하고 진공 공정 등을 거쳐 불쾌한 냄새를 제거한 후 로스터(roaster)에서 로스팅한다. 필요에 따라 리액터에서 식품용 탄산칼륨(K_2CO_3) 등 알칼리 용액으로 알칼리처리(alkalization)를 한다.

다른 방식으로 배치식(batch type) 로스터가 있는데, 리액터에서 소량의 물을 넣어 잘 혼합해서 세척을 하고, 로스터에서 114℃ 정도로 고온이 되었을 때 물을 투입하여 증기를 발생시켜 살균하며, 진공을 통해 불쾌한 냄새를 제거한다. 진공 압력은 강도에 따라 코코아매스의 맛에도 영향을 미친다.

로스팅은 코코아매스의 맛을 결정하는 데 가장 중요한 단계이다. 기본적으로는 카카오빈의 종류 및 특성에 따라 코코아매스의 맛이 정해지지만 공정상에서는 로스팅이 맛을 좌우한다. 카카오를 로스팅하는 방법에는 카카오빈을 로스팅하는 방법과 카카오닙을 로스팅하는 방법이 있다. 카카오빈을 로스팅할 때는 이물질을 제거한 빈을 살균하고 로스팅한 다음 껍질을 제거하고 미세화한다. 카카오닙을 로스팅할 때는 이물질을 제거한

빈을 적외선 등으로 전처리 한 다음 껍질을 제거하고, 분쇄해 만든 닙을 로스팅하고 살균해서 미세화한다. 빈 로스팅은 주로 대량 가공에 많이 사용되고, 닙 로스팅은 온도 및 시간 조정 등에서 유연성이 많은 특징이 있다.

로스팅은 온도와 함께 시간이 매우 중요하다. 배치식이라면 로스팅 시간과 온도를 그때그때 조정하는 것이 간편하다. 연속식은 연속적인 작업 속성상 온도와 시간 조정이 배치식보다 어렵지만 토출량을 조정하여 로스팅 시간을 조정할 수 있다. 로스팅 온도는 보통 125~132℃에서 내고자 하는 맛에 따라 조정하는데, 온도가 높으면 탄 맛이 강해지고 반대로 너무 낮으면 비린내 등 로스팅이 부족한 맛이 올라온다. 로스팅 후 닙의 수분 함유량은 2~3% 정도이다. 연속식 로스터와 배치식 로스터는 뒤에서 자세히 다룬다.

로스팅이 끝난 카카오닙은 밀(mill)로 곱게 간다. 미세화에 들어가는 카카오닙은 보통 수분 1.75% 이하, 유지 50~55%, 셸 1.5% 이하, 온도 70℃ 정도이다. 미세화 공정은 일반적으로는 3단계의 공정을 거친다. 1단계는 닙을 갈아서 액체 상태로 만드는 예비 미세화 단계(coarse 또는 pre-refining stage), 2단계는 거친 액체 상태를 더 곱게 만드는 중간 미세화 단계(intermediate refining stage), 3단계는 코코아매스의 최종 품질과 입도를 결정하는 정밀 미세화 단계(fine refining stage)이다. 2단계와 3단계를 하나로 묶어서 2단계로 생각하기도 한다.

1단계에서는 프리밀(pre-mill)을 사용하는데 75~100℃에서 고정자(stator)와 카카오닙을 때리는 비터(beater)가 달린 회전자 (rotor) 사이의 전단력을 이용하여 닙을 액체화한다. 가공물의 온도는 90~110℃가 된다. 입도는 체로 거르면 75μm 정도의 스크린에서 12~15%가 남는 정도로 하는데 보통 75μm 이하가 된다. 공정에 영향을 주는 요소는 알칼리처리 여부 등 닙의 상태, 쉘의 함유량, 닙에서 가루의 함유량, 수분 함유량 등이다. 고정자와 회전자의 종류 및 간격에 따라 입도에 차이가 있다. 전단력에 의해 카카오닙의 세포구조가 파괴되어 코코아버터가 용출되고, 열에 의해 유지가 용해되어 유동성이 있는 코코아매스가 만들어진다. 2단계와 3단계(또는 통합해서 2단계)에서는 롤러 (roller)나 스톤밀(stone mill) 또는 볼밀(ball mill)을 사용하는데, 일반적으로는 볼밀을 사용한다.

볼밀은 고정자와 회전자의 사이에 볼을 넣어서 회전 시 발생하는 전단력을 이용하여 원하는 입도로 만든다. 최종적인 입도는 최종 제품에서 요구하는 입도에 맞추어 가공 시간을 조절해 조정한다. 보통 요구되는 입도는 25~30μm이며 75μm를 넘는 입자는 1% 이하이다. 수분 함유량은 1.5% 이하이고 유지 함유량은 55% 정도이다. 유지 함유량은 카카오빈의 산지에 따라 조금씩 차이가 있다.

〈그림 1-8-1〉 카카오 원료들의 가공 공정

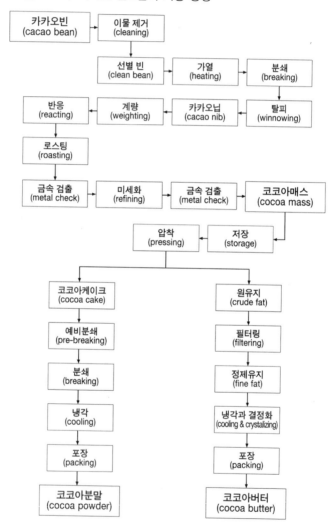

카카오빈에서 생산되는 코코아매스의 수율은 보통 80% 정도이고 나머지는 수분, 껍질 및 불순물이다.

〈그림 1-8-2〉 코코아매스의 가공 공정과 설비 (참고사진: 278~279쪽)

(1) 카카오빈 투입(feeding)

(2) 이물질 제거(cleaning)

(3) 껍질 제거 전처리
(pretreatment)

(4) 분쇄 및 탈피
(breaking and winnowing)

(5) 카카오닙 반응(reacting)

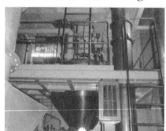

(6) 로스팅(roasting)

① 배치식 로스터[바르트(Barth)사 로스터] ② 연속식 로스터[뷸러(Buhler)사 로스터]

(7) 미세화(refining)

① 시어밀(shear mill)

③ 볼밀(ball mill)

② 스톤밀(stone mill)

09 · 코코아분말

　코코아분말은 코코아매스를 압착해서 유지성분인 코코아버터를 분리하고 남은 분말 상태의 가공품이다. 이때 코코아버터가 완전히 분리되지는 않고 어느 정도 코코아분말에 남아 있는데, 이 코코아버터의 함유량에 따라 고유지 코코아분말, 저유지 코코아분말 등으로 분류하기도 한다.

　코코아분말의 규격에는 입자의 크기, pH 수치, 유지 함유량, 수분 함유량, 색상 등이 표시된다. 이러한 특성들은 초콜릿의 풍미나 품질에 관여하기 때문에 용도에 따라 적당한 규격의 코코아분말을 선정해야 한다.

　코코아분말의 맛과 색상은 알칼리처리와 깊은 연관이 있다. 알칼리처리 기술은 19세기 네덜란드에서 개발되어 네덜란드식 공정(Dutching process)이라고도 부른다. 알칼리처리는 코코아분말이 물이나 우유에 기초한 음료에 사용될 때 코코아분말이 덜 응집되게 하거나 바닥에 가라앉지 않도록 활용된 것으로 보인다. 알칼리처리의 실제적인 역할이 전부 알려지지는 않았다.

〈그림 1-9-1〉 코코아분말의 다양한 색상　　　　(참고사진: 280쪽)

자료: deZaan, *The cocoa manual*(deZaan, 1993).

　　알칼리처리를 하는 이유는 크게 두 가지로 하나는 코코아분말을 생산할 때 색상을 조정하기 위한 것이고 다른 하나는 카카오의 산성도를 변화시키기 위한 것이다. 알칼리처리를 하는 방식에는 닙을 알칼리처리하는 방식 외에도 코코아매스를 알칼리처리하는 방식, 코코아케이크(cocoa cake)나 코코아분말을 알칼리처리하는 방식이 있다. 일반적으로 색상 발현이나 pH 수치 조정, 최종 품질 등에서 유연성이 좋은 닙 알칼리처리 방식을 사용한다.

일반적인 닙 알칼리처리 방법은 로스팅하기 전에 카카오닙에 탄산칼륨을 사용한 알칼리 용액을 첨가하는 것이다. 알칼리용 액의 양이 너무 많아서는 안 된다. 왜냐하면 코코아버터에 있는 지방산이 알칼리와 반응해서 비누 냄새가 날 수 있기 때문이다. 이런 현상을 방지하기 위해서 소량의 에탄산(ethanoic acid) 또 는 주석산(tartaric acid)을 알칼리처리 뒤에 첨가하여 pH 수치를 조정할 수 있다.

pH 수치, 수분, 로스팅 온도 및 시간 등을 조심스럽게 조정함 으로써 다양한 종류의 색상을 만들어낼 수 있다. 코코아분말의 색상은 최종산물의 색상에 큰 영향을 주기 때문에 코코아분말을 선정할 때 주의가 필요하다. 코코아분말의 색상은 pH 수치가 클 수록 더 어두운 방향으로 가는 경향이 있다(〈그림 1-9-1〉).

10 · 코코아버터

코코아버터는 코코아매스를 압착해서 얻어지는 유지성분으로 고유의 풍미와 독특한 물성을 가진다.

코코아버터는 초콜릿의 물성을 결정하는 중요한 원료로서 초콜릿의 조직감, 구용성(口溶性), 광택, 제품의 수명 등을 결정짓는다. 코코아버터는 약 98%의 트리글리세라이드(triglyceride)와 1.0%의 유리 지방산(free fatty acid), 0.3~0.5%의 디글리세라이드(diglyceride) 및 0.1%의 모노글리세라이드(monoglyceride)를 함유한다. 그 밖에 미량 성분으로 0.2% 정도의 스테롤(sterol)과 150~250ppm의 토코페롤(tocopherol)을 함유하고, 인지질(phospholipid)은 약 0.05~0.13%함유한다. 코코아버터의 풍미를 만드는 것은 짧은 사슬 지방산과 피라진류(pyrazines), 티아졸류(thiazoles), 옥사졸류(oxazoles), 피리딘류(pyridines) 등의 휘발성 성분들이다. 〈표 1-10-1〉은 코코아버터의 지방산 조성이다.

코코아버터의 풍미는 발효와 로스팅에서 발생하고 경우에 따라서는 코코아매스의 알칼리처리 과정에서도 발생한다. 탈취

〈표 1-10-1〉 코코아버터의 트리글리세라이드 조성

트리글리세라이드 조성(%)	
POSt	36.3~41.2
StOSt	23.7~28.8
POP	13.8~18.4
StOO	2.7~6.0
StLiP	2.4~6.0
PLiS	2.4~4.3
POO	1.9~5.5
StOA	1.6~2.9
PLiP	1.5~2.5
StLiSt	1.2~2.1
OOA	0.8~1.8
PPSt	8.0
PStSt	0.2~1.5
POLi	0.2~1.1
OOO	0.2~0.9
탄소 수에 따른 조성(%)	
C50	18
C52	49
C54	32
C56	0.4

*A: arachidate, O: oleate, St: stearate, Li: linoleate, P: palmitate.

(deodorization)하지 않은 코코아버터에서는 천연 카카오의 강한 향기가 나는데, 향기의 강도를 조정하기 위해서 원하는 강도까지 부분적으로 탈취하기도 한다.

〈표 1-10-2〉 코코아버터의 결정형태 비교

다형체 형태	융점범위 (℃)	명칭		특성	
I	16~18	γ	beta´-3	불안정한 형태	느슨한 압축
II	22~24	α	alpha-2		
III	24~26	$\beta 2'$	beta´$_2$-1		
IV	26~28	$\beta 1'$	beta´$_1$-2		
V	32~34	$\beta 2$	beta$_2$-2		
VI	34~36	$\beta 1$	beta´$_1$-3	안정한 형태	밀집한 압축

코코아버터가 초콜릿의 물성에 큰 영향을 주는 데에는 코코
아버터의 다형성(polymorphism)[6]이 아주 중요하다. 코코아버
터에는 여섯 가지 결정형태가 존재하는데 일반적으로 결정 I,
II, III, IV, V, VI로 표시하기도 하고 γ, α, $\beta 2'$, $\beta 1'$, $\beta 2$, $\beta 1$으로
표시하기도 한다. 각 결정형태에 따라서 안정한 온도대가 다르
다. 템퍼링(tempering)[7] 중에 점차 안정화하면서 최종적으로 가
장 안정한 형태인 $\beta 1$이 된다(〈표 1-10-2〉). 30℃ 정도로 템퍼링

---

6) 한 물질의 결정형태가 단일하지 않고 여러 가지 형태를 가지는 성질.

7) 초콜릿을 원하는 결정형태로 만들기 위한 온도조작. 제2부의 템퍼링에서
   자세히 다룬다.

해서 23℃ 정도에서 25분가량 냉각하면 결정 $\beta1'$이 주로 존재하게 되고, 이 결정은 일정 시간이 지나면 결정 $\beta2$로 변한다. 이때 소요되는 시간은 저장조건에 따라 다른데 온도가 높을수록 전이가 빠르다.

일반적으로 각 결정형태와 안정한 형태를 이루는 온도범위는 〈표 1-10-2〉와 같다. 코코아버터의 결정형태 가운데는 상온에서 액체 상태로 존재하는 부분도 있는데, 유지가 낮은 에너지 상태로 변화될 때 어느 정도의 에너지를 방출한다. 이런 복합적인 영향으로 고체 입자 사이에 있는 약간의 유지가 표면으로 밀려나게 되고 이것들이 큰 결정을 형성하여 하얗게 꽃이 핀 것처럼 보이는 블룸(bloom)을 일으킨다. 블룸 발생을 방지하기 위해서 결정형태가 $\beta2$ 형태가 되도록 조작해서 제품을 만드는 것이 바람직하다.

$\beta1$이 가장 안정된 형태이지만 이 형태로의 전이는 액체 상태가 아니라 고체 상태에서 일어나며, 전이가 완료될 때까지 수개월, 때로는 1년 이상이 소요되기도 한다. 그런 이유로 $\beta2$ 결정형태로 제품을 만드는데, 이 경우도 오랜 기간이 지나면 결정형태가 $\beta1$으로 전이하며 블룸이 발생할 수 있다. 따라서 기술적으로 좋은 방법은 가능한 한 빠르게 결정형태 $\beta2$를 만들고 이후에 주의해서 더 이상의 전이를 방지하는 것이다.

유지방으로 블룸 발생을 약간은 제어할 수 있는데, 유지방은

〈그림 1-10-1〉 코코아버터의 결정형 구조

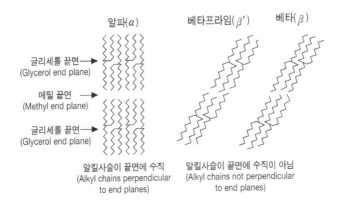

자료: Beckett, *Industrial Chocolate Manufacturing and Use*.

초콜릿을 부드럽게 하고 $\beta 2$ 결정에서 $\beta 1$ 결정으로 이행되는 시간을 지연시킬 수 있다. 그렇지만 너무 많은 유지방은 공융효과 (eutectic effect)를 일으켜 조직이 너무 물러질 수 있다. 유리 유지방은 보통 15% 이하로 사용해야 한다. 〈그림 1-10-1〉은 결정 형태들의 물리적인 구조이다.

11 · 코코아버터 대체 유지

초콜릿에 사용하는 기본 유지는 코코아버터로, 초콜릿에 사용하는 대체 유지는 코코아버터를 기준으로 구분한다. 코코아버터는 독특한 물리적 특성과 풍미를 가지고 있지만 생산과 수급이 어렵고 가격부담도 크다. 이런 이유로 1차 세계대전 후 코코아버터를 조달할 수 없었을 때 대신 사용한 것을 시초로 식물성유지(vegetable fat)가 코코아버터의 대체품으로 개발되어 폭넓게 사용되고 있다.

식물성유지는 유럽과 한국, 중국, 일본 등 국가마다 법적 사용량이 다르고 그에 따라 제품 명칭 등에 제한이 있다. 전통적인 고급 초콜릿을 선호하는 국가나 사람들은 코코아버터를 사용한 제품을 선호하기도 하지만, 식물성유지는 코코아버터보다 생산량이나 가격, 기능성, 작업성 등에서 많은 장점을 가지고 있다.

코코아버터 대체 유지로는 크게 CBEs와 CBAs에 속하는 CBRs · CBSs의 세 가지를 들 수 있다. 물리적인 구조에서 코코아버터와 CBEs는 삼중연쇄구조(triple chain length structure)를

〈표 1-11-1〉 코코아버터와 코코아버터 대체 유지의 주요 특성 비교 예

	CB	CBE	CBR	CBS
C8				3
C10				3
C12				54
C14				20
C16	25	30	12	9
C18	36	30	14	10
C18:1	34	35	67	
C18:2	3	3	6	
C20	1	1		

가지지만 CBSs와 CBRs은 이중연쇄구조(double chain length structure)를 갖는다. 이러한 구조적 특성은 상호 호환성과 연관이 있다. 각 유지의 특성은 〈표 1-11-1〉과 같다.

1. CBEs(cocoa butter equivalents)

코코아버터와 결합구조 및 결정모양이 동일하여 공용현상을 일으키지 않고 코코아버터를 대체할 수 있다. 온도가 높은 조건에서 유통되는 경우에는 코코아버터보다 융점이 높으면서 먹을 때 입 안에서 왁스 느낌이 없는 CBEs를 사용한다. 주요 지방산 조성은 POP, POS, SOS(P: palmitic acid, O: oleic acid, S: stearic acid)이다. 왁스 느낌이 없으면서도 초콜릿의 기능을 향상시키는 유지를 CBI(cocoa butter improver)라고 한다.

CBEs 유지는 팜유(palm oil), 시어유(shea oil), 일립버터 (illipe butter), 살시드유(sal seed fat) 같은 원료에서 용매추출로 얻는다. 다양한 원료로 만들 수 있어 코코아버터에 비해 원가가 낮고, 가공해서 내블룸성(anti-blooming)이 높은 유지의 제조도 가능하며, 용도에 맞는 특정 유지의 제조도 가능하다.

2.CBAs(cocoa butter alternatives)

(1) CBSs(cocoa butter substitutes, lauric fat 계열)

이들 유지는 조직감이나 촉감은 코코아버터 제품과 유사하나 결정화가 다르다. 팜핵유(palm kernel oil)나 코코넛유(coconut oil)가 널리 쓰이는데 라우르산(lauric acid, C12: 0 dodecanoic acid)을 약 50% 함유하고 있다. 코코아버터와는 달리 하나의 결정체를 가지며 예비 결정화(pre-crystallization)가 필요하지 않다. 결정체는 β 형태가 아니고 β' 형태이다. 보통 CBSs로 만든 초콜릿은 CBRs로 만든 초콜릿보다 용해성이 좋지만, 코코아버터와의 상용성(相容性, compatibility)은 낮아서 코코아버터가 소량만 존재할 때 사용할 수 있다. 일반적으로 코코아버터가 초콜릿의 전체 유지 함유량 중 5% 정도일 때 CBSs를 혼합하여 사용할 수 있다. 따라서 코코아버터가 55% 정도 함유되어 있는 코코아매스와는 많이 사용하지 않으며, 주로 코코아버터가 11~12% 정도 함유되어 있는 코코아분말과 함께 사용한다. 냉각은 아주 빠르게 이루어지고 제품은 처음에는 매우 좋은 광택을 갖는다. 주의할 점은 수분이 적은 건조한 곳에 보관해야 한다는 것이다. 수분이 있으면 리파아제(lipase) 효소가 글리세롤 뼈대에서 유리 지방산의 제거를 소량 촉진시켜서 비누 냄새가 생기기 때문이다. 주요 지방산은 라우르산, 미리스트산(myristic acid, C14: 0), 노나데칸산(nonadecanoic acid, C19: 0) 등 짧은 지방산으로 상대적으로 점도가 낮다.

(2) CBRs(cocoa butter replacers, non lauric fat 계열)

팜유(palm oil)나 대두유(soybean oil) 등으로 코코아버터와 같은 지방산을 CBSs보다 다량 함유하므로 분별하여 사용한다. 코코아버터와 비슷한 물리적 특성을 지니고 있으나 조성은 다르다. 게다가 종종 불포화지방산인 엘라이딘산(elaidic acid, C18: 1)을 상당량 가지는데, 이 지방산은 트랜스(trans) 형태의 구조로 코코아버터의 시스(cis) 구조와 다르다. 불포화지방산은 보통 시스 구조나 트랜스 구조로 구성되는데 대부분의 불포화지방산은 시스 구조이지만 열이나 촉매 가공으로 시스 구조에서 트랜스 구조로 전환된다. 최근 트랜스 지방의 안전성 문제가 제기되면서 초콜릿 제조사들은 트랜스 지방 함유량을 줄이는 노력을 하고 있다.

코코아버터와의 상용성이 제한적이어서 일반적으로 코코아버터는 CBR에 대하여 초콜릿의 전체 유지 중 최고 20% 정도까지 혼합하여 사용할 수 있다. 라우르산 유지 계열처럼 코코아버터와 같이 사용하면 부드러워지고 블룸 발생 등의 문제가 있지만 라우르산 유지 계열보다 심각하지 않다. 결정은 β' 형태로 되는 경향이 있고 템퍼링은 불필요하다. 그렇지만 함께 사용하는 코코아버터의 양이 많으면 템퍼링을 하는 것이 좋다. 냉각은 라우르산 유지 계열보다 느리게 하는 것이 좋다. 주요 지방산 조성은 PEE, SEE(P: palmitic acid, S: stearic acid, E: elaidic acid) 등이다.

일반적으로 유지는 유(油, oil)와 지(脂, fat)를 지칭하는데, 약 15℃의 상온에서 액상인 것은 oil이고 고체인 것은 fat이다. 단, 상온의 기준은 온대, 아열대, 열대 등 기후대에 따라 다르므로 정해진 것은 없다. fat과 oil을 통칭하여 fat이라고 하기도 한다. 유지(oils and fats)는 주로 트리글리세라이드를 지칭하고, 지질(lipid)은 트리글리세라이드 외에도 다양한 물질을 포함하는 명칭으로 사용된다. 유지를 구성하는 지방산의 탄소수는 홀수는 드물고 대부분 짝수의 지방산인데, 식물에서 유지의 생합성 과정이 탄소수가 2개 단위로 진행되기 때문이다. 동물 유지에는 홀수의 지방산이 존재하기도 한다. 지방산의 종류와 특징은 〈표 1-11-2〉와 같다.

〈표 1-11-2〉 지방산의 종류

(1) 포화지방산

탄소수	사슬 길이	일반 명	체계 명	융점 (℃)
4:0	짧음	뷰티르산 (Butyric acid)	n-Butanoic acid	-8.0
6:0	짧음	카프로산 (Caproic acid)	n-Hexanoic acid	-3.4
8:0	중간	카프릴산 (Caprylic acid)	n-Octanoic acid	16.5
9:0	중간	펠라르곤산 (Pelargonic acid)	n-Noanoic acid	31.5
10:0	중간	카프르산 (Capric acid)	n-Decanoic acid	43.5
11:0	중간	언데칸산 (Undecanoic acid)		54.4
12:0	중간	라우르산 (Lauric acid)	n-Dodecanoic acid	43.5
13:0	긺	트라이데칸산 (Tridecanoic acid)		
14:0	긺	미리스트산 (Myristic acid)	n-Tetradecanoic acid	54.4
15:0	긺	펜타데칸산 (Pentadecanoic acid)		
16:0	긺	팔미트산 (Palmitic acid)	n-Hexadecanoic acid	62.9
17:0	긺	마르가르산 (Margaric acid)	n-Heptadecanoic acid	
18:0	긺	스테아린산 (Stearic acid)	n-Octadecanoic acid	69.6
19:0	긺	노나데칸산 (Nonadecanoic acid)		
20:0	긺	아라키드산 (Arachidic acid)	n-Eicosanoic acid	75.4
21:0	긺	헤네이코사노산 (Heneicosanoic acid)		
22:0	긺	베헨산 (Behenic acid)	n-Docosanoic acid	79.9
24:0	긺	리그노세르산 (Lignoceric acid)	n-Tetracosanoic acid	84.2
26:0	긺	케라틴산 (Ceratinic acid)	n-Hexacosanoic acid	

(2) 단일 불포화지방산

탄소수	사슬 길이	일반 명	체계 명	융점 (℃)
10:1	중간	카프롤레산 (Caproleic acid)	Decenoic acid	
12:1	긺	라우롤레산 (Lauroleic acid)	Dodecenoic acid	
14:1	긺	미리스트올레산 (Myristoleic acid)	cis-9-Tetradecenoic acid	−4.0
16:1	긺	팔미톨레산 (Palmitoleic acid)	cis-9-Hexadecenoic acid	0~5.0
16:1	긺	팔미텔라이드산 (Palmitelaidic acid)	trans-9-Hexadecenoic acid	
18:1	긺	올레산 (Oleic acid)	cis-9-Octadecenoic acid	13.0
18:1	긺	페트로셸린산 (Petroselinic acid)	cis-6-Octadecenoic acid	
18:1	긺	엘라이드산 (Elaidic acid)	trans-9-Octadecenoic acid	44.0
18:1	긺	리시넬라산 (Ricinelaidic acid)	12-Hydroxy-trans-9-octadece noic acid	
18:1	긺	리시놀레산 (Ricinoleic acid)	12-Hydroxy-cis-9-octadecen oic acid	
18:1	긺	박센산 (Vaccenic acid)	cis-11-Octadecenoic acid	
18:1	긺	트랜스박센산 (trans-Vaccenic acid)	trans-12-Octadecenoic acid	39.0
20:1	긺	시스11에이코센산 (cis-11-Eicosenoic acid)		
22:1	긺	에루크산 (Erucic acid)	cis-13-Docosenoic acid	33.0
24:1	긺	네르본산 (Nervonic acid)	cis-15-Tetracosenoic acid	

(3) 다중 불포화지방산

탄소수	사슬 길이	일반 명	체계 명	융점 (℃)
18:2	긺	리놀레산 (Linoleic acid)	cis,cis-9,12-Octadecadienoic acid	−5.0
18:2	긺	리놀에라이드산 (Linoelaidic acid)	trans,trans-9,12-Octadecadienoic acid	
18:3	긺	리놀렌산 (Linolenic acid)	cis,cis,cis-9,12,15-Octadecatrienoic acid	−11.3
18:3	긺	감마리놀렌산 (gamma-Linolenic acid)	cis,cis,cis-6,9,12-Octadecatrienoic acid	
20:3	긺	호모감마리놀렌산 (Homo-gamma-Linolenic acid)	cis,cis,cis-8,11,14-Eicosatrienoic acid	
20:4	긺	아라키돈산 (Arachidonic acid)	cis,cis,cis,cis-5,8,11,14-Eicosatrienoic acid	49.5
20:5	긺	에이코사펜타엔산 (Eicosapentaenoic acid: EPA)	(all-cis-)5,8,11,14,17-Eicosapentaenoic acid	
22:6	긺	도코사헥사엔산 (Docosahexaenoic acid: DHA)	(all-cis-) 4,7,10,13,16,19-Docosahexaenoic acid	

12 · SFC 곡선

　　SFC(Solid Fat Content) 곡선은 어느 특정 온도에서 해당하는 유지의 고체 상태 함유량을 나타내는 그래프이다. 유지의 융점은 유지의 특성으로 그다지 중요하게 여기지 않기도 하는데, 그 이유는 같은 융점을 가진 유지라도 상온에서 용해 특성이 완전히 다를 수 있기 때문이다. 예를 들어 같은 융점을 가진 유지이면서도 상온에서 어떤 유지는 부서지기 쉬운 고체(brittle solid) 특성을 갖지만 어떤 유지는 유동성이 있는 반고체(plastic semisolid) 특성을 가지기도 한다. SFC는 이런 특성을 잘 나타낸다. SFC에서 고체가 약 50% 이상이면 유지는 부서지기 쉬운 고체의 특성을 나타낸다.

　　〈그림 1-12-1〉은 유지의 SFC 곡선이다. 각 부분의 의미는 다음과 같다.

　　(1) A 부분의 곡선은 유지의 단단함을 나타내며 높을수록 스냅(snap)성이 좋다. 이 부분은 수평에 가깝고 30℃ 부근

〈그림 1-12-1〉 SFC 곡선

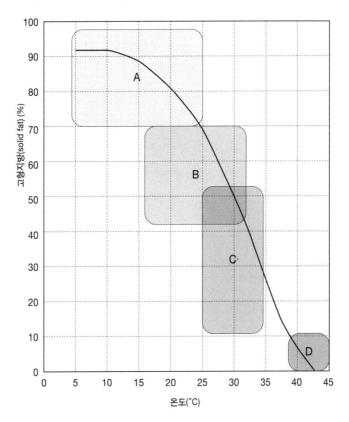

에서 날카롭게 꺾어지는 것이 좋다.

(2) B 부분의 곡선은 유지의 열에 대한 저항성을 나타낸다.

(3) C 부분의 곡선은 입안에서 녹을 때 시원하게 느껴지는

범위이며 급속할수록 좋고 상승융점(RP, rising point)에
영향이 크며 온도에 따라 변한다.

(4) D 부분의 곡선은 상승융점에 영향이 있으며 짧을수록 좋
고 5% 이상이면 왁스 느낌이 있다.

SFC측정은 템퍼링 방법(시간, 온도), 측정원리(직접, 간접), 용
해 시퀀스(serial, parallel)와 공식 방법(IUPAC 2.150, AOCS Cd
16-81, Cd 16b-93) 등을 따른다. 일반적으로는 핵자기공명
(Nuclear Magnetic Resonance: NMR)이나 시차주사열량계
(Differential Scanning Calorimeter: DSC) 방법 등을 사용한다. 시
차주사열량계는 한 번의 측정으로 용해와 고화의 완전한 프로필
을 알 수 있어 전체적인 행위 특성을 아는 데 유용하다.

초콜릿에 사용하는 유지들을 여러 비율로 혼합해서 적합한
템퍼링 상황을 만들 수 있는데, SFC는 2개 이상의 유지 사이의
비상용성을 보는 데도 유용하다. 여러 비율에 따라 SFC를 측정
하고 SFC 곡선을 그려 상용성을 판단한다. 유지 간의 상용성이
낮을수록 낮은 온도에서 SFC 감소가 크고 유지들의 혼합비율이
커진다.

13 · 냉각 곡선

유지를 액체 상태에서 고체 상태로 변화시킬 때 온도 변화를 측정하여 유지의 적성(適性)을 파악하는 방법이다. 이 방법은 측정오차가 커서 유럽 등지에서는 다른 방법을 사용한다.

〈그림 1-13-1〉은 냉각 곡선(Cooling Curve) 그래프로 시간에 따른 유지의 온도를 나타낸다. 각 부분의 의미는 다음과 같다.

(1) A점(최하점): 최하점이 높은 유지는 템퍼링 온도가 높아 공정에 유리하다. 최하점은 26℃로 20분 전후에 형성되는 것이 좋다.

(2) B점(최고점): 최고점은 29℃로 40분 전후에 도달되는 것이 좋다.

(3) A~B 사이의 시간이 짧을수록 결정화 속도가 빨라서 좋다.

(4) A~B 사이의 온도 차가 클수록 공정에 유리하다. 수축률이 커져서 몰드에서의 이탈에 유리하다.

〈그림 1-13-1〉 냉각 곡선

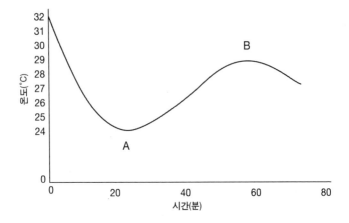

(5) A~B 사이의 온도 차가 5℃ 이상이면 유지의 물성이 다르 다고 본다.

14 · 설탕

설탕은 사탕수수나 사탕무에서 얻는다. 사탕수수의 설탕 함유량은 11~17%이고 사탕무의 설탕 함유량은 14~17%이다. 설탕은 보통 결정형태로 존재하며, 결정의 크기에 따라 〈표 1-14-1〉과 같이 구분한다. 초콜릿 생산에는 일반적으로 중간 크기의 설탕을 사용한다.

무정형 설탕은 고온에서 결정형태의 설탕으로부터 형성된다. 무정형 설탕은 초콜릿의 풍미와 유동성에 영향을 미치기 때문에 초콜릿 제조에 아주 중요하다. 이 형태의 설탕은 표면 반응성이 아주 커서 주위의 향기를 쉽게 흡수한다. 무정형 설탕은 설탕이 롤러에서 미세화될 때에 형성되기도 한다. 이때 설탕 부근에 다른 물질이 없으면 금속성 맛이 나게 되기도 한다. 카카오와 함께 미세화시키면 카카오의 휘발성 향기 성분의 일부가 달아나지 않고 무정형 설탕에 흡수되어 초콜릿에 더욱 풍부한 맛을 부여한다.

설탕의 표면에 있는 수분은 설탕 입자들을 서로 달라붙게 만든다. 이것은 설탕 골격체를 만들어 서로 붙게 만드는데, 유지가

〈표 1-14-1〉 결정 크기에 따른 설탕 종류

설탕 종류	입자 크기
거친 크기의 설탕(Coarse sugar)	1.0~2.5mm
중간 정도로 미세화된 결정 설탕 (Medium fine sugar)	0.6~1.0mm
미세화된 결정 설탕(Fine sugar)	0.1~0.6mm
분말화된 설탕(Icing sugar)	0.005~0.1mm

녹아도 이 현상이 발생한다. 이런 현상을 활용하여 더운 지방에 적합한 초콜릿을 만들 수 있다. 설탕의 점착성은 표면에서 초콜릿의 점도를 크게 증가시키기도 한다.

설탕은 초콜릿의 원료 중 일반적으로 가장 많은 함유량을 차지한다. 설탕은 초콜릿의 단맛을 내는 원료일 뿐 아니라 입도를 결정하는 가장 중요한 변수이기도 하다. 설탕의 감미도는 녹아 있는 유지상에서 입자들이 분산하여 작을수록 표면적이 증가해서 높아진다. 사람의 입은 입자가 15~18μm 이상이어야 감지할 수 있기 때문에 그 이하는 초콜릿의 조직감에 영향이 없다. 50μm 이상이 되면 조잡함과 이질감을 느끼게 된다.

유체학적 측면에서는 입자가 작으면 표면적이 증가해서 점도가 높아지기 때문에 윤활성을 좋게 하기 위해서 더 많은 유지가 필요하게 된다. 감미질은 각 당의 감미도를 설탕 10% 용액과 동등하게 해서 2점 비교법으로 측정한다. 온도와 감미도에서 설탕

〈그림 1-14-1〉 설탕의 결정형태 (참고사진: 281쪽)

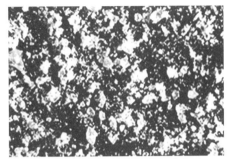

표면이 무정형 상태인 설탕 결정

표면이 깨끗한 설탕 결정

자료: Buhler, Sweet Processing.

은 온도에 따른 감미도 변화가 별로 없으나 자일리톨은 온도가 증가하면 감미도가 낮아진다. 〈그림 1-14-1〉은 설탕의 결정형태이다.

15 · 유당

유당(乳糖, lactose 또는 milk sugar)은 이름 그대로 우유에서 얻는 당으로 유당 단독 제품도 있지만, 전지분유나 탈지분유에도 많은 유당이 포함되어 있다. 유당에는 조제 유당, 정제 유당, 공업용 유당, 약용 유당 등이 있다.

초콜릿에 일반적으로 사용하는 당류는 설탕으로 가격이나 감미질이 가장 적합하다. 그럼에도 유당을 사용하는 일반적인 이유는 설탕 사용량을 줄여서 상대적으로 감미도를 낮추기 위해서이다. 또 우유 맛을 강하게 하기 위해서도 사용한다. 유당은 환원당으로서 쉽게 메일라드 반응(Maillard reaction)이나 캐러멜화 반응(caramelization)을 일으키기 때문에 풍부하면서 캐러멜화된 풍미를 발현시킬 수 있다. 유당의 단점은 낮은 용해도와 특수한 결정화 특징이다. 유당은 설탕보다 단단한 물성을 가지고 있기 때문에 많이 사용하면 입안에서 촉감과 입도가 좋지 않을 수 있으므로 사용량 등을 주의해야 한다. 보통 초콜릿 제품에서 5~10%를 사용한다.

구조적으로 무수알파유당(α-lactose anhydride), 일수화물 알파유당(α-lactose monohydrate)와 무수베타유당(β-lactose anhydride)으로 나누는데 상업적으로 많이 사용하는 것은 일수화물알파유당이다. 알파유당은 용해도가 낮아 저온에서 석출되지만, 베타유당은 용해도가 높아 93.5℃ 이상의 온도에서도 안정해서 이 온도에서 포화시켜 석출한다. 융점은 알파유당이 20.2℃, 베타유당이 25.2℃이다. 밀도는 알파유당이 1.545, 베타유당이 1.59이다. 비선광도[Specific optical rotation(α)]는 알파유당이 +91.1, 베타유당이 +33.5이다. 분자량은 알파유당이 360.34, 베타유당이 342.31이다. 안정성(20℃, g/100g water)은 알파유당이 7.4, 베타유당이 48 정도이다. 감미도는 베타유당이 알파유당보다 높다.

별도로 유당을 넣어 사용하기도 하지만 전지분유나 탈지분유를 넣는 것으로 대신하기도 한다. 우유에는 보통 4.5% 내외의 유당이 함유되어 있지만 전지분유에는 38% 내외가, 탈지분유에는 50% 내외의 유당이 함유되어 있다.

16 · 당알코올류

당알코올(sugar-alcohol)은 단당류나 이당류의 알데하이드기
(−CHO)나 카르보닐기(=CO)에 수소첨가되어 수산기(−OH)로
환원된 형태를 말한다. 일반적인 명칭은 어미 부분의 -ose를 -itol
로 바꾸어 명명한다. 당알코올류는 치아의 플라그(plaque)에 있
는 세균이 대사하기 어려운 비충치성과 소화가 느리며 포유동물
의 소장에서 흡수되는 난소화성을 특징으로 한다. 따라서 충치를
일으키지 않는 초콜릿이나 당류가 전혀 없는 초콜릿 제조에 많이
사용된다. 유당 등 당류를 제거한 특수 분유 제조에 쓰이기도 한
다. 당알코올은 입안에서 녹을 때 상대적으로 많은 용해열을 흡
수하므로 취식 시에 냉각효과로 강한 청량감을 준다.

설탕과 당알코올은 풍미와 조직에 주는 영향이 다르므로 사
용에 주의가 필요하다. 제품에서 원하는 스냅성, 감미도, 청량감
등을 고려하여 적합한 소재를 선정하여 사용한다. 또 소화기관
의 허용한계(tolerance)를 주의해야 하며, 설탕보다 가격이 크게
높으므로 원료의 가격 등을 고려해야 한다.

주요한 당알코올류는 다음과 같다. 전분을 가수분해해서 얻는 당류에는 포도당, 말토스, 올리고당, 물엿 등이 있다. 이들 당류들이 수소첨가의 환원반응을 거치면 솔비톨, 말티톨, 환원올리고당, 환원물엿 등의 당알코올류로 변화된다. 이러한 당알코올류는 포도당 사슬의 환원말단[포도당의 카르보닐기(carbonyl group)]이 환원반응에 의해 비환원말단[알코올기(alcohol group)]이 되면서 보습성, 안정성이 향상되고 난소화성, 비충치성 등의 특징을 가지게 된다.

환원물엿 또는 환원전분 가수분해물(Hydrogenated Starch Hydrolysate: HSH)은 물엿 등에 수소를 첨가하여 만든 것으로 당화도에 따라 감미도, 점성, 보습성 등이 다르다. 주성분은 올리고 당알코올이다. 물엿 같은 갈변은 없고 열 및 산성에 안정하다. 환원물엿은 일반적으로 식품의 설탕 또는 물엿을 대체해 사용할 수 있다.

말티톨(maltitol)은 고순도 물엿에 수소를 첨가해서 만들며 내열, 내산성이 좋고 비갈변성이다. 저칼로리이고 비충치성이며 난소화성 특징을 갖는다. 에리스리톨(erythritol)은 포도당을 효모 발효해서 만든 것으로 흡습성이 적고 입에서 청량감을 내며 비충치성 소재이다. 파라티니트(palatinit)는 파라치노스(palatinose)에 수소를 첨가한 것으로 열과 산에 안정하고, 알칼리에도 안정하며 저흡습성이다. 락티톨(lactitol)은 유당에 수소를 첨가한 것

〈표 1-16-1〉 주요 당 및 당알코올류의 냉각효과

명칭	냉각효과
설탕(sucrose)	1.0
폴리덱스트로오스(polydextrose)	−2.0
락티톨(무수)[lactitol(anhydrous)]	1.4
이소말토(isomalto)	2.1
말티톨(maltitol)	2.5
과당(fructose)	2.6
락티톨(일수화)[lactitol(monohydrous)]	3.0
솔비톨(sorbitol)	4.4
자일리톨(xylitol)	6.7

으로 감미도가 낮고 설탕과 비슷한 물성으로 감미 억제에 사용한 다. 만니톨(mannitol)은 솔비톨(sorbitol)의 이성체(isomer)로 감미도가 설탕의 40~50% 정도로 낮고 물에 잘 녹지만 흡습성은 낮다. 흡습해도 굳지 않아 껌이나 물엿류의 점착 방지에 사용된다.

17 · 기타 당류

초콜릿 제조에 사용하는 당류는 앞에서 설명한 설탕이나 유당, 당알코올류 외에도 다양하다. 대표적으로 포도당(glucose)이나 과당(fructose), 전화당(invert sugar), 폴리덱스트로오스(polydextrose) 등을 들 수 있다.

포도당은 덱스트로오스(dextrose)라고도 하며 수분을 약 9% 함유하며 융점은 83℃이다. 포도당을 원료로 사용하여 초콜릿을 만드는 경우 포도당에 있는 수분이 콘칭[conching, 정련(精練)] 공정 중 빠져나와 초콜릿의 유체역학적 특성에 나쁜 영향을 줄 수 있기 때문에 초콜릿에는 무수 포도당을 사용하는 것이 바람직하다. 포도당 시럽은 토피(toffee)나 퐁당(fondant) 같은 제품을 생산하는 데 많이 사용된다.

과당은 흡습성이 강하고 융점은 102~105℃이다. 감미도는 설탕보다 높지만 설탕이나 포도당과 달리 섭취 후 급격한 혈당 상승을 일으키지 않아 당뇨가 있는 사람에게 적합하다. 초콜릿에 과당을 사용하기 위해서는 분유 같은 다른 원료의 수분 함유량이 최대한 낮아야 하고 콘칭 온도도 40℃ 이하로 낮아야 하는 등 몇 가지 요소들을 고려해야 한다. 이는 과당을 사용할 때 발생할 수 있는 모래감(sandy)이나 나쁜 냄새가 생기는 분해나 반응 물질 형성을 막기 위한 것이다.

전화당은 단당류인 포도당과 과당이 같은 양으로 함유되어 있는 혼합체이다. 시럽 형태나 부분 결정화되어 고형물 함유량이 65~80%인 형태로 사용된다. 과일이나 꿀에 자연적으로 존재한다. 일반적으로 고형 초콜릿을 만드는 데는 사용하지 않고 캐러멜 등을 만들 때 사용하기도 한다.

폴리덱스트로오스는 포도당과 소량의 솔비톨로 만들어진 합성 폴리머이다. 융점은 130℃이고 무정형이며 흡습성이 강하고 단맛이 없는 물질이다. 인체에서 대사가 어려워서 일반적으로 저열량 제품을 만들 때 사용한다. 저열량 제품을 만들 때는 다른 감미제와 함께 사용하지만, 무설탕 제품을 만들 때는 감미제 없이 특수원료와 함께 사용한다.

많이 쓰이는 고감미제로 아스파탐(aspartame)과 스테비아(stevia)가 있는데, 아스파탐은 고감미제이면서 저열량 소재라 무설탕 제품 등에서 감미 보강제로 많이 사용하며 쓴맛과 산미를 억제하는(masking) 효과가 있다. 스테비아는 단맛의 강약보다는 주로 감미질을 개선하기 위해 사용한다.

18 · 상대 감미도

식품에 있는 단맛을 평가할 때는 일반적으로 감미도를 쓰는데 보통 설탕을 기준으로 한다. 설탕의 감미도를 1 또는 100으로 하여 여러 가지 감미료의 감미도를 상대적으로 표시한다.

단맛은 초콜릿의 대표적인 특징이면서 소비자들의 경계대상이기도 하다. 단맛은 주로 당류에 의하지만 감초(glycyrrhizin)나 스테비오사이드(stevioside) 같은 테르펜(terpene) 배당체, 아미노산이나 아스파탐(aspartame) 같은 펩타이드, 단백질 등의 비당류도 단맛을 가지고 있다.

감미료(sweetener)는 식품에 단맛을 추가하는 첨가물로 천연 감미료와 인공 감미료가 있다. 다양한 천연 감미료가 발견되어 있고 사카린(saccharin)같은 인공 감미료도 다양해서 제품의 용도와 필요에 따라 다양한 감미료를 사용할 수 있다. 일반적으로 사용하는 감미료는 단당류나 소당류가 많은데 그중 설탕이 가장 보편적으로 널리 사용된다. 설탕은 맛이 깨끗하고 상대적으로 가격이 저렴하기 때문에 감미제로서뿐만 아니라 증량제

〈표 1-18-1〉 감미성분과 감미도 참조 값

감미성분	감미도
설탕(sucrose)	100
유당(lactose)	27 혹은 39~40
말토스(maltose)	50 혹은 46~60
포도당(D-glucose)	60 혹은 64~74
D-과당(D-fructose)	150 혹은 110~150
말토트리오스(maltotriose)	30
D-솔비톨(D-sorbitol)	50
D-갈락토스(D-galactose)	60 혹은 60~70
D-만니톨(D-mannitol)	70
전화당(invert sugar)	70 혹은 80~90
사카린(saccharin)	39,000 혹은 20,000~70,000
D-자일로스(D-xylose)	40 혹은 67
아스파탐(aspartame)	20,000 혹은 17,000~23,000
스테비오사이드(stevioside)	30,000
팔라티노스(palatinose)	40
프락토올리고당(fructo-oligosaccharide)	60
꿀(honey)	55
글리세린(glycerine)	48 혹은 70
글리세롤(glycerol)	78 혹은 80
람노스(rhamnose)	32
둘시톨(dulcitol)	41
솔비트(sorbit)	48
글리시리진(glycyrrhizin)	15,000

(bulking agent)로서도 가장 많이 사용한다.

감미료를 사용하여 초콜릿을 제조할 때 초콜릿 제품 안에서의 단맛의 세기를 나타내는 감미도는 이론적으로 계산할 수도 있는데, 제품을 만들기 전에 감미도를 계산해두면 제품 개발에서 단맛과 관련된 특성을 효율적으로 조정할 수 있다.

설탕은 이성체가 없어서 시간이나 온도 등에 따라 단맛이 변하지 않기 때문에 감미 물질의 상대적 감미도를 측정하는 표준 물질로 사용한다. 〈표 1-18-1〉은 설탕의 감미도를 100으로 했을 때 감미성분들의 이론적 감미도를 여러 문헌과 제조사의 규격 등을 종합하여 정리한 것이다. 하지만 학자나 책에 따라서 다르기 때문에 감미도를 획일적으로 규정할 수는 없다. 감미도는 화학적 구조 외에도 물리적인 온도에 따라서도 다르게 느껴지며, 같은 당류 내에서도 이성체에 따라 차이가 나타난다.

19 · 유화제

초콜릿은 기본적으로 유지를 근간으로 한 복합물로서 물성적인 측면에서 수분의 함유량은 극히 적다. 초콜릿 안에 있는 수분은 사용하는 원료에 함유되어 있는 것으로서 유지와는 혼합 등이 어려우므로 이러한 성질을 개선하기 위해 유화제를 사용한다.

초콜릿 제조에서 유화제(emulsifier)는 여러 가지 기능을 한다. 첫째, 결정화를 촉진하는 시드(seed)를 만드는 매개체 역할로 결정이 올바르게 성장하도록 돕는다. 둘째, 결정의 크기와 성장을 제한해서 초콜릿 표면의 광택을 향상시킨다. 셋째, 계면활성제 (surfactants)로 작용하여 고형분을 감싸거나 수분을 대체해 입자 간의 마찰과 점도를 감소시킨다. 동시에 조직을 무르게 하여 열 저항성을 감소시키고, 광택 변화로 제품수명에 영향을 미치는 등 바람직하지 않은 점도 있으므로 유화제 선정에 주의해야 한다. 유화제는 단순히 점도를 낮추는 원료가 아닌 것이다.

초콜릿 제조에 사용하는 주요 유화제는 다음과 같다. 폴리글리세롤 에스테르류(polyglycerol esters)는 점도를 감소시키고 디몰딩(demoulding)과 광택을 좋게 한다. 모노글리세라이드 (monoglycerides)와 디글리세라이드(diglycerides)는 핵이 형성 (nucleation)되는 온도를 상승시킨다. 모노글리세라이드의 다아세 틸 주석산 에스테르(diacetyl tartaric acid esters of monoglycerides: DATEM)는 핵 형성 온도를 크게 감소시킨다. 모 노스테아린산 솔비탄(sorbitan monostearate: SMS)은 결정화 속 도를 크게 감소시킨다. 폴리소르베이트(polysorbate)60은 항복 값(yield value)[8]을 증가시키고 왁스 느낌을 감소시켜 기호성(嗜 好性)을 증대시킨다. 폴리글리세롤 폴리리시놀레이트(polyglycerol polyricinoleate: PGPR)는 항복 값과 점도를 감소시키는데, 유지 가 45%인 초콜릿에서 점도(粘度, viscosity)[9] 감소효과는 레시틴 의 약 2배이다. 레시틴과 PGPR을 함께 사용하면 PGPR은 주로 항복 값을 낮추는 기능을 하고 레시틴은 점도를 낮추는 역할을 한다.

가장 일반적으로 사용하는 유화제는 레시틴(lecithin)이며, 주 로 대두에서 얻어지는 대두 레시틴이 일반적이다. 레시틴은 물에 용해되지 않지만 팽윤되어 콜로이드 용액이 된다. 유일한 천연 유 화제로 분자 내에 친유성기인 알킬기와 친수성기인 아민기와 수

---

8) 초콜릿의 흐름이 시작되도록 가해지는 에너지의 양을 말한다.

9) 초콜릿이 움직이기 시작한 후에 움직임을 유지하는데 필요한 에너지.

산기가 있어서 유화작용을 한다. 레시틴의 HLB(Hydrophilic-Lipophilic Balance) 값은 3~4이다. HLB 값은 계면활성제의 물과 기름에 대한 친화성 정도를 나타내는 값으로서 0부터 20까지 있으며, 0에 가까우면 친유성이 좋고 반대로 20에 가까우면 친수성이 좋다. 근래에는 합성 레시틴도 개발되어 사용되고 있다.

레시틴을 사용하면 같은 양의 코코아버터를 사용했을 때에 비해 10배 정도 점도 감소효과가 있다. 레시틴을 코코아버터의 0.3% 정도 첨가하면 코코아버터를 5% 줄일 수 있어 경제성을 높힐 수 있다. 또한 레시틴을 사용해 초콜릿의 균질성을 향상시키고 초콜릿이 걸쭉하게 되는 현상을 최소화하며 유지의 가수분해 위험성을 감소시킬 수 있다. 이는 레시틴이 수분을 결합시켜 유지의 분해를 어렵게 하기 때문이다. 레시틴은 주로 설탕 입자에 작용하여 점도를 낮추는 역할을 한다. 따라서 레시틴 등 유화제가 부족할 경우 설탕 입자끼리의 점착성이 크게 나타나서 제조공정뿐만 아니라 제조 후에도 어려움이 있을 수 있다.

〈표 1-19-1〉은 여러 유화제의 초콜릿에서의 특성을 비교한 자료로 레시틴을 0.5% 함유한 초콜릿에 추가로 유화제를 넣고서 물성 및 제품에 미친 영향을 비교한 것이다.

〈표 1-19-1〉 초콜릿에서의 유화제의 특성 비교

유화제	사용량 (%)	점도	경도 (26.7℃)	초기 광택	광택 보유 (26.7℃ /30days)	광택 보유 (20/30℃)
none		+-	+-	+-	+-	+-
MD	0.6	-	--	+	+	+-
SMS	0.6	-	---	++	+	-
STS	0.6	-	--	+++	+++	+++
PGE	0.6	--	-	++	+	++
LMD	0.6	-	-	+-	+-	-
DATEM	0.3	---	--	+-	--	---
PMD	0.3	---	+-	++	+-	+
'+'=		높아짐	단단해짐	광택	광택	광택
'-'=		낮아짐	부드러워짐	흐릿함	흐릿함	흐릿함

MD: 모노글리세라이드 및 디글리세라이드(mono and diglycerides)
SMS: 모노스테아린산 솔비탄(sorbitan monostearate)
STS: 트리스테아린산 솔비탄(sorbitan tristearate)
PGE: 폴리글리세롤 에스테르(polyglycerol ester)
LMD: 모노글리세라이드 및 디글리세라이드의 젖산에스테르
    (lactylated ester of mono and diglycerides)
PMD: 모노글리세라이드 및 디글리세라이드의 인산에스테르
    (phosphated ester of mono and diglycerides)
DATEM: 모노글리세라이드의 디아세틸주석산 에스테르
    (diacetyltartaric acid ester of monoglycerides)
점도: 40℃에서 Brookfield 점도기로 측정
경도: 초콜릿을 몰딩한 상태에서 penetrometer와 needle을 함께 사용하여 측정
20/30℃: 20℃와 30℃를 24시간씩 번갈아가며 측정
자료: Mark Weyland, "Functional Effects of Emulsifiers in Chocolate," *The Manufacturing Confectioner*(MC Publishing, May, 1994).

20 · 유지방

〈그림 1-20-1〉은 우유에서 얻을 수 있는 다양한 유제품 원료와 그 제조 공정이다. 유지방(milk fat)은 수분을 제거한 우유에 유당 다음으로 많이 함유되어 있는 성분으로 밀크초콜릿의 독특한 조직감과 풍미를 내는 데 필수적이다. 유지방이 초콜릿에 많을수록 초콜릿 제조 및 취식 시에 유동성이 커진다. 풍미효과가 좋지만 상대적으로 가격이 비싸서 원가상승의 요인이기도 하다.

초콜릿에 사용하는 유지방은 전지분유 등의 유가공품 원료에 포함되어 사용하는 형태와 무수 유지방(anhydrous milk fat: AMF)같이 별도로 추가하는 형태가 있다. 유지방은 초콜릿에 우유 풍미를 부여하는 것 외에 공융효과로 코코아버터를 부드럽게 해서 응고점을 억제한다. 사용량이 너무 많으면 초콜릿의 조직감을 단단하게 유지하는 것을 저해한다.

용도에 따라서는 유지방의 성분 중에서 융점이 높거나 낮은 일정 부분을 분별(fractionation)해서 사용할 수도 있다. 그렇게 함으로써 일반적인 유지방보다 단단한 유지방을 만들 수도 있고

〈그림 1-20-1〉 유제품 원료들의 제조 공정

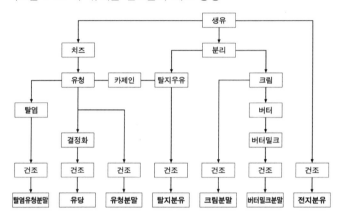

블룸 방지에 더 효과적인 유지방을 만들 수도 있다. 유지의 성분은 98%가 트리글리세라이드이고 그 외의 성분으로는 인지질, 디글리세라이드와 스테롤(sterol) 등이 있다. 〈표 1-20-1〉은 유지방의 지방산 조성이다.

유지방은 α 형태나 β' 형태로 결정화되기 쉽기 때문에 코코아버터와 공통적인 결정형태를 가지지 않는다. 따라서 상용성이 좋지 않아 고체상을 불안정하게 하여 초콜릿을 연화(softening)시킨다. 이에 따라 $\beta2$ 형태에서 $\beta1$ 형태로 전이를 지연시켜 블룸 발생에 저항성이 생긴다. 유지방을 3~4% 첨가해서 다형성(polymorphism) 현상을 지연시켜서 보다 긴 유통기한을 가지게 할 수도 있다.

〈표 1-20-1〉 유지방의 지방산 조성

지방산	구성(%)
C4:0	4.1
C6:0	2.4
C8:0	1.4
C10:0	2.9
C10:1	0.3
C12:0	3.5
C14:0	11.4
C16:0	23.2
C18:0	12.4
C18:1	25.2
C18:2	2.6
C18:3	0.9
기타	10.0

유지방을 사용할 때 주의할 것은 유지방이 색상이나 맛, 냄새 등과 관련된 관능적 특성(organoleptic properties)을 가지고 있다는 점이다. 또 유지방 사용량이 초콜릿의 9~10%를 넘어서는 안 된다. 왜냐하면 연화효과가 크게 나타나 몰드에서 이형이나 이후의 취급이 어려워지기 때문이다. 일반적으로 초콜릿에서 유지방의 함유량을 5%에서 25%로 증가시키면 템퍼링 단계의 온도는 1.5~2.0℃를 낮춰야 한다. 유지방의 증가에 따라 템퍼링이 이루어지는 표면도 증가하기 때문이다.

유지방은 효소에 의해 쉽게 산화되어 유통기한이 제한적인 단점이 있다. 효소는 산의 분열을 촉진해서 산패취(酸敗臭, rancid flavour)를 만들어 초콜릿의 품질에 나쁜 영향을 준다. 이런 반응으로 형성된 산은 초콜릿에 코코아버터가 함유되어 있으면 맛이 강하게 나지는 않는다. 이러한 반응은 저온 보관이나 산소를 제한하는 포장 등으로 최소화할 수 있다.

21 · 분유

분유는 초콜릿 제조에 필수불가결한 원료이다. 예들 들어 밀크초콜릿의 경우는 이름 그대로 우유가 주요 성분이다. 초콜릿의 우유 성분으로 주로 사용하는 것은 전지분유나 탈지분유이다. 우유 성분으로 생유(fresh milk)를 농축해서 사용할 수도 있지만 취급 및 가공, 위생 등에 특별한 설비가 필요하므로 대부분의 경우 분유 형태로 사용한다. 탈지분유를 사용할 때에는 별도로 무수 유지방을 추가하는 것이 일반적이다. 분유는 젖소의 산지나 제조방법에 따라서 풍미가 다르다. 전지분유(full cream milk powder 또는 whole milk powder)를 만드는 방법에는 크게 두 가지가 있는데 롤러를 사용하는 법(roller-dried)과 분무 건조법(spray-dried)이다.

롤러 건조로 만든 전지분유를 사용한 초콜릿은 분무 건조로 만든 전지분유를 사용한 초콜릿보다 부드럽고 유동성이 좋다. 건조 과정에서 형성되는 분유의 원형 입자 내부에는 유지도 포함되어 있는데, 롤러를 사용하면 분유 입자 내부에 있는 유지의 대부분

〈표 1-21-1〉 가공 방법에 따른 분유의 비교

특성	분무 건조	롤러 건조
공기 온도 (temperature of air)	90~180℃	120℃
제품 온도 (temperature of product)	최대 80℃	〉100℃
건조 시간 (drying time)	20~30 sec	2~5sec
입자 형태 (particle shape)	구형 (globular)	조각형(flakes)
갇힌 공기 (entrapped air)	yes	no
입자 표면 (particle surface)	약간 다공성 (slightly porous)	매끈함 (smooth)
유리지방 함유량 (free fat content)	1~10%	80~85%
유당 (lactose)	무정형 (amorphous)	약간 결정형 (slightly crystallized)
수분 함유량 (moisture content)	약 3%	약 3%
풍미 (flavor)	밀크/크림같은 신선한 풍미 (milky/creamy 'fresh')	약간 탄 '조리된' 풍미 (somewhat burnt 'cooked' mealy)

자료: MC Publishing Co, *The Manufacturing Confectioner*(Jun, 1995, 6).

이 압착되어 분유 입자 표면으로 나오기 때문이다. 그래서 초콜릿을 만들 때는 사용하는 전지분유가 어떤 가공 방법에 의해 제조되었는지 확인해야 한다. 롤러 건조 분유와 분무 건조 분유는 가공 시에 발생되는 열 등에 의해서 맛에도 차이가 있다(〈표 1-21-1〉).

22 · 초콜릿 크럼

초콜릿 크럼(chocolate crumb)은 20세기 초 유럽에서 개발되었는데, 당시에는 겨울에 신선한 우유의 공급이 쉽지 않아 초콜릿의 제조가 여의치 않았다. 초콜릿이 많이 소비되는 크리스마스 시즌에 원활하게 초콜릿을 만들 수 있도록 초콜릿 크럼이라는 중간물질을 만들어서 우유 성분의 수요를 해결한 것이다.

우유는 단독으로는 진공 건조시킬 수 없기 때문에 반드시 결정화가 가능한 성분을 첨가해 진공 건조시켜야 한다. 그래서 우유에 설탕을 첨가해 진공 건조시킨 것이 크럼(crumb)이고, 크럼에 코코아매스를 넣은 것이 초콜릿 크럼이다. 한국에서는 초콜릿 제조에 많이 사용하지 않지만 외국에서는 초콜릿 크럼으로 초콜릿의 고유한 맛을 내는 경우가 많다. 크럼은 분무 건조 분유나 롤러 건조 분유와 견주어 진공 건조 분유로 일컬어지기도 한다.

초콜릿 크럼에 함유된 코코아매스의 항산화 성분이 우유의 유지가 산화하는 것을 막아주고 설탕이 유통기한을 연장시키는 역할이 더해져서 초콜릿을 오래 보존할 수 있다.

초콜릿 크림의 제조 공정은 다음과 같다. 먼저 우유와 설탕, 물을 혼합해 스팀 등으로 로스팅하는데, 이 과정에서 특유의 캐러멜화와 메일라드 반응이 일어나 특유의 풍미가 생긴다. 이 풍미는 콘칭의 고온이나 기타 다른 후속 공정에 의해서는 만들 수 없는 독특한 것이다. 메일라드 반응은 온도와 깊은 관계가 있어서 온도가 10℃ 높아지면 반응 속도는 3~6배 빨라진다. 로스팅 다음에 코코아매스를 더해 진공 건조시킨다. 진공 건조의 온도와 시간은 보통 75℃에서 6시간 정도지만, 온도를 120~125℃로 하여 시간을 2~5분 정도로 줄일 수도 있다. 이후 냉각 및 분쇄를 거치면 0.8~1.5% 정도로 수분 함량이 낮아져 미생물의 번식이 억제된다.

이렇게 만든 초콜릿 크림은 일반적인 분유에는 없는 특유의 캐러멜 풍미가 나고 이를 사용한 초콜릿 제품도 그 특유의 풍미를 가진다. 또한 초콜릿 크림은 코코아매스의 쓴맛을 줄여주고 전체적으로 부드러운 맛이 나도록 한다. 우유 특유의 지방질 맛(tallowy-taste)을 없애주는 효과도 있다.

초콜릿 제조 공정 측면에서는 고온으로 미생물을 감소시키고 불쾌한 냄새를 제거하는 예비적 콘칭(pre-conching) 효과가 있다. 또 여러 가지 원료를 통합한 원료이기 때문에 초콜릿에 사용하는 원료 수를 줄이는 효과도 있다.

일반적으로 초콜릿 크림은 무지유고형분 17~22%, 유지방

〈표 1-22-1〉 초콜릿 크럼의 조성 예

원료	조성 예 1	조성 예 2
백설탕	48	54
전지분유	42	38
코코아매스	10	8

8~10%, 설탕 50~70%, 코코아매스 7~13%, 수분 1~1.5%의 조성을 갖는다. 초콜릿 크럼에는 많은 유리 지방이 있어서 코코아버터의 사용량을 줄일 수 있다.

코코아매스를 사용하지 않고 코코아버터만을 사용하면 백색의 초콜릿 크럼을 만들 수 있다. 이것이 화이트초콜릿 크럼 (white chocolate crumb)으로 화이트초콜릿에 사용된다. 크럼의 맛은 건조시간, 산성도, 온도 등에 따라서 차이가 생긴다.

23 · 소금

한국에서는 초콜릿에 소금을 사용하는 경우가 거의 없어서 생소하지만, 유럽 등 외국에서 제조된 초콜릿의 성분을 살펴보면 소금을 사용한 제품이 많은 것을 발견할 수 있다. 소금의 짠맛은 초콜릿에 쓰이는 설탕의 단맛이나 카카오의 쓴맛과 어울리지 않을 것 같지만, 소금으로 초콜릿의 맛에 좋은 효과를 낼 수 있다.

일반적으로는 초콜릿에 소금을 0.05~0.07% 정도 사용하는데 이는 바닐라(vanilla)의 사용량과 비슷하다. 밀크초콜릿 같은 경우 소금을 0.2% 정도로 많이 사용하기도 한다. 사용량은 국가나 소비자의 기호에 따라 다를 수 있다. 예를 들어 영국의 밀크초콜릿에는 보통 네덜란드의 밀크초콜릿보다 더 많은 소금이 들어 있다. 소금을 사용하는 것은 보존효과나 좋지 않은 풍미를 억제시키기보다는 일반적으로 바닐라처럼 초콜릿의 풍미를 증진시키기 위해서이다.

일반적으로는 풍미를 좋게 하기 위해 바닐라나 바닐린(vanillin)을 사용한다. 소금은 그다음으로 많이 사용할 것이다. 바닐라나

〈표 1-23-1〉 소금을 사용한 초콜릿 배합의 예

원료	밀크초콜릿(%)	다크초콜릿(%)
무지 코코아고형물	4~7	14~33
무지유고형물	13~17	-
유지방	5~7	-
백설탕	45~55	30~50
코코아버터	16~21	30~36
레시틴	0.3~0.5	0.3~0.5
소금	0.05~0.07	0.05~0.07
바닐라	0.05~0.10	0.05~0.10
합계	100.00	100.00

바닐린은 초콜릿에 크림 같은 풍미를 내주지만 소금은 깔끔한
풍미를 강조해준다. 초콜릿에 깔끔한 풍미 대신 다른 풍미를 내
고 싶으면 다른 원료를 첨가할 수 있다. 계피(cinnamon)를 넣으
면 계피 특유의 풍미를 낼 수 있다.

24 · 향료

향료는 풍미를 내는 데 중요한 성분이다. 초콜릿은 카카오 자체의 풍미가 별도로 향을 필요로 하지 않을 정도로 강하지만 향료를 적합하게 사용하면 풍미를 크게 변화시킬 수 있다. 향료는 풍미 강화나 특정 향을 부여하기 위해서 또는 풍미를 억제하기 위해서 등등의 목적으로 사용한다. 예를 들어 코코아매스가 너무 많이 함유되어 카카오 풍미가 지나치게 강할 때 적절한 향료를 사용하여 좋지 않은 카카오 풍미를 억제(masking)할 수 있다. 좋지 않은 풍미를 억제시키는 향료도 풍미를 강화해준다.

향료를 선택할 때는 사용 목적에 맞는 향료의 선정은 물론, 초콜릿의 성분 조성과 향료의 관계를 고려하고 가공 중의 변화도 염두에 두어야 한다. 또한 국가별로 허용된 성분인지 안전성이 검증되어야 하며, 완제품의 취식 조건이나 취식 행태와의 상관관계도 고려해야 한다.

향료는 크게 천연 향료와 합성 향료로 나눌 수 있다. 천연 향료로는 오일(oil)이나 올레오레진(oleoresin), 추출물(extract), 분리

〈그림 1-24-1〉 발효 전후의 바닐라   (참고사진: 282쪽)

단품(isolate), 효소처리 향료 등이 있다. 합성 향료에는 에스테르류, 알코올류, 케톤류, 알데히드류, 락톤류 등 다양한 종류가 있는데 안전성 등이 확보되어야 사용할 수 있다.

향료의 숙성은 조합한 향료 성분의 분자 단위 동향과 관계있는데 보통 경험적으로 숙성 기간과 온도를 조정한다. 숙성을 통해서 향료의 조잡한 향을 없애 부드럽고 균형이 좋은 상태로 만들 수 있다. 향료를 형태별로 분류하면 에센스, 유용성 향료, 수용성 향료, 유화 향료, 분말 향료 등이 있다.

초콜릿과 주로 어울려 사용하는 향료 가운데 가장 일반적인 것은 바닐라와 바닐린(vanillin)이다. 바닐라는 열대 식물인 바닐

〈그림 1-24-2〉 바닐린과 에틸바닐린

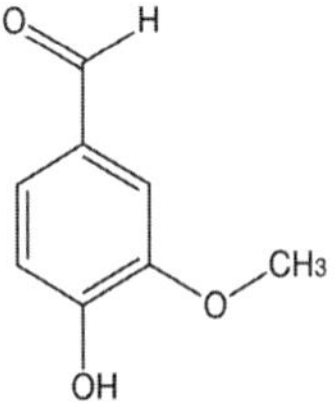

(1) 바닐린 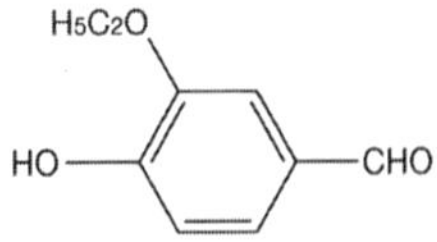   (2) 에틸바닐린

라(Vanilla planifolia)에서 얻는다(〈그림 1-24-1〉). 바닐라빈의 가공 공정은 카카오빈의 공정과 유사한 점이 많다. 바닐라빈에서 알코올을 용매로 바닐라 엑기스를 추출한다. 천연 바닐라는 바닐린과 여러 가지 방향 물질을 함유하고 있는데 합성품에는 없는 물질들도 다수 함유되어 있다.

바닐라의 주요한 향기 성분은 바닐린이다(〈그림 1-24-2〉). 바닐린은 $C_8H_8O_3$의 분자식을 갖는 유기화합물로 보통 메틸바닐린을 말한다. 천연 바닐린과 함께 합성 바닐린도 향료로서 식품에 사용한다. 에틸바닐린[ethyl vanillin(vanbeenol)]은 3-ethoxy -4-hydroxy benzaldehyde로 자연에는 존재하지 않고 합성하여 만든다. 메틸바닐린에서 메틸기($-O-CH_3$) 대신에 에틸기($-O-CH_2CH_3$)를 가진 것으로 가격은 비싸지만 향이 바닐린의 3~4배 정도 강하다. 바닐린으로 바닐라를 10% 정도까지 대체 가능하다.

바닐라라 불리는 그룹은 천연 바닐라(natural vanilla, 바닐린 2~3%와 기타 성분 97~98%)와 바닐린(바닐린 100%), 그리고 바닐라향(vanilla flavor, 기타 향료에 바닐라와 바닐린 등을 혼합한 것) 등을 포함한다. 프로바닐린(provanillin)은 재결정 바닐린 입자 표면을 천연 바닐라 오일로 코팅한 것이다.

바닐린은 보통 결정 상태로 공급되기 때문에 초콜릿에 사용할 때는 균일하게 분산되도록 하는 것이 아주 중요하다. 향료가 분산되지 않고 특정 위치에 모여 있으면 그 부분에서만 강한 풍미가 나게 된다. 균일하게 분산시키기 위해서 유지와 유화제 혼합물 같은 적당한 용매에 녹여서 사용하거나 곱게 갈아서 사용하는 것이 바람직하다.

제2부

초콜릿 제조 공정

01 · 초콜릿 온도 조건

　초콜릿은 온도에 매우 예민하기 때문에 제조·유통 등의 모든 과정에서 정밀한 온도 관리가 필수이다. 각각의 주요한 과정에 적합한 온도 조건은 다음과 같다. 단, 정확한 수치는 원료의 특성이나 설비, 환경과 기타 조건 등에 따라 다를 수 있음을 염두에 두어야 한다.

　템퍼링 공정의 온도는 사용하는 유지의 융점보다 보통 5℃ 정도 낮게 조정한다. 초콜릿으로 센터물을 입히는 엔로빙(enrobing) 공정의 온도는 플레인(plain) 초콜릿은 33℃, 밀크초콜릿은 32℃ 정도로 한다. 초콜릿의 재가열(reheating) 공정은 최저 27.5℃ 정도로 한다. 템퍼링 후 호퍼(hopper)[10] 및 데포지터(depositor)[11]는 스테인리스 스틸이나 폴리카보네이트(polycarbonate) 수지 재질로

---

10) 초콜릿을 몰드 등에 주입하기 전에 일시적으로 저장하였다가 공급하는 장치.

11) 호퍼에 있는 초콜릿을 몰드에 주입하는 공급설비.

하고 온도는 26~27℃ 정도로 한다. 몰드의 온도는 초콜릿 온도와 맞추는 것이 바람직하다. 몰드에 초콜릿을 주입한 후 몰드의 진동은 2~3분 정도로 한다. 제조실의 온도는 상온(20~22℃)이라도 되지만 몰드나 사용하는 원료의 품온(品溫)에 직접적인 영향이 있다면 제조실 온도를 조건에 적합하도록 조정해야 한다.

초콜릿을 액체 상태에서 고체 상태로 변화시키기 위해 냉각 과정을 거친다. 냉각은 아주 중요한 공정으로 온도와 시간은 물론 습도도 중요하다. 냉각 온도가 7℃ 아래로 떨어지면 문제가 발생할 수 있다. 냉각 시간은 보통 15~20분 정도로 한다. 냉각 터널 입구와 출구의 공기온도는 12℃ 정도가, 중앙의 공기온도는 5~7℃ 정도가 적합하다. 디몰딩은 18℃ 정도에서 실시한다. 포장단계의 온도는 18~20℃, 상대습도는 50% 정도가 적합하다.

초콜릿의 보관은 온도 13~21℃, 상대습도 70% 이하에서 한다. 경화 라우르산 계열 CBR을 사용한 초콜릿은 온도 16~18℃, 상대습도 최대 70%에서 보관한다. 분별 라우르산 계열 CBR을 사용한 초콜릿은 온도 20~22℃, 상대습도 최대 70%에서 보관한다. CBA 유지를 사용한 초콜릿은 15.5℃ 이하에서는 초콜릿을 입힌 표면에서 라우르산을 다량 포함한 트리글리세라이드가 재결정하며 라우르산 블룸이 생겨 광택이 빨리 손실된다. 이를 해결하기 위해서는 16~22℃에서 초콜릿을 입힌다. 너무 낮은 온도에서 초콜릿을 입히면 다른 공정의 온도를 올리는 과정에서 초콜릿이 응축하면서 슈거 블룸(sugar bloom)이 발생한다.

초콜릿 제품은 28℃ 이상에서는 녹을 수 있다. 굳은 초콜릿을 다시 녹일 때는 보통 45℃ 정도에서 녹인다. 25~26℃에서는 초콜릿의 조직감 등이 나빠질 수 있으므로 냉장보관 후 상온에 1시간 정도 두어 제품의 온도가 19~25℃이 되었을 때가 먹기에 가장 좋다. 5℃ 이하가 되면 너무 딱딱해서 먹기에 불편하다.

02 · 방향 지표

코코아매스는 원료와 가공 공정에 따라 다양한 풍미를 가진다. 이런 다양한 풍미 성분의 차이, 즉 풍미의 차이는 피라진류 휘발성 방향 물질의 함유량으로 측정할 수 있다. 특히 코코아매스에 함유된 휘발성 방향 물질의 약 1/4을 차지하는 질소 방향족 화합물은 탈취 정도의 척도로 사용된다.

흡광도 측정에서 질소 방향족 화합물은 빛의 파장이 278nm 부근(200~320nm)일 때 최고치를 형성한다. 따라서 278nm에서 측정된 흡광도의 수치로 질소 방향족 화합물의 함유량을 파악할 수 있다. 이 흡광도의 수치로 방향 지표(Aroma Index)를 산출해 코코아매스의 방향성 지표로 한다.

코코아매스의 방향 지표는 다음과 같이 측정한다.

(1) 약 40℃에서 용해한 코코아매스(이후 시료)를 50±1.0g으로 정확하게 무게를 잰다.

(2) 시료를 500ml 켈달(Kjeldahl) 플라스크에 옮긴다. 남아 있

는 시료는 증류수 100ml를 가하여 잘 씻은 다음 500ml 켈달 플라스크에 옮겨 합한다. 다시 증류수 50ml를 가하여 시료를 잘 씻은 다음 500ml 켈달 플라스크에 옮겨 합한다.

(3) 켈달 증류장치(수증기 증류장치)에 연결하고 5분 정도 배수콕을 열어 증기를 통과시킨다. 테프론 테이프로 연결부위를 잘 감아서 수증기가 새는 걸 막는다.

(4) 코코아매스 안에 증기 거품이 나타나면 밸브를 잠그고 100ml 용량 플라스크를 이용하여 1초당 1방울의 속도로 응축액 100ml를 받는다.

(5) 응축액을 여과지로 여과한 후 증류수를 대조액(blank)으로 응축액의 흡광도를 측정한다. 흡광도의 측정범위는 흡수파장을 220~370nm로 하고 측정은 흡수 파장 278nm로 한다.

(6) 아래 계산식으로 방향 지표를 구한다.

방향 지표(Aroma Index) = 흡광도 × 100

일반적으로 코코아매스의 방향 지표는 40~50인데 산지별로 차이가 있을 수 있다. 초콜릿 페이스트의 방향 지표는 보통 20~30이다.

초콜릿의 향기 성분에는 비휘발성인 성분도 있다. 플라보노이드 계통, 아미노산, 유기산, 페놀산, 탄수화물 등이 비휘발성 초콜릿 향기 성분이다. 그러므로 방향 지표가 완벽한 향기 지표는 아니다. 그래서 초콜릿의 향기 성분 변화를 나타내는 지표로 다양한 방법이 제시되고 있다. 그 가운데에는 환원당의 함유량 변화 지수인 배전도나 유기산의 함유량 변화를 나타내는 초산 함유량 분석 등도 있다.

03 · 수분과 초콜릿

초콜릿은 이동상(移動相) 물질인 유지가 고형분을 둘러싸고 있는 제품이므로 수분은 초콜릿의 물성 및 품질에 큰 영향을 미친다. 초콜릿에 수분이 지나치게 많으면 유동성뿐만 아니라 템퍼링 공정에도 큰 영향을 미치게 된다. 초콜릿 페이스트를 사용하는 과정에서 탱크나 배관 설비 등의 누수로 수분이 유입되면 초콜릿의 템퍼링 자체가 불가능할 수도 있다.

보통 콘칭 후의 수분이 0.3% 더 많으면 유지가 1% 더 많이 필요하다. 이러한 일은 결국 초콜릿 제품의 원가를 상승시키므로 수분 관리는 아주 중요하다. 콘칭 후에는 반드시 수분의 함유량을 측정해서 품질을 관리하도록 해야 한다.

원료와 결합하지 않은 유리 수분은 반드시 제거하는 것이 좋다. 콘칭 과정에서는 초기의 드라이 콘칭 단계에서 수분을 제거하도록 해야 한다. 이때 주의해야 하는 것은 증발된 수분이다. 증발된 수분이 콘체 밖으로 배출되지 못해 콘체 내에서 다시 응축되어 초콜릿으로 떨어지면 초콜릿 성분 중의 설탕을 녹여 결합시켜 단단한 모래 같은 덩어리를 만든다. 이렇게 되면 공정에서는 분쇄가 잘 되었더라도 최종 제품에 모래 같은 촉감이 강할 수 있다. 따라서 콘칭 중에 증발되어 나온 수분은 콘체 밖으로 배출시켜야 한다.

04 · 로스팅

초콜릿의 카카오 풍미는 카카오빈의 발효와 건조를 통해서도 형성되지만 또 하나의 중요한 공정인 로스팅에서도 형성된다. 발효와 건조로 형성된 전구물질들의 풍미는 로스팅으로 발전한다. 일반적으로 로스팅에 앞서 스팀으로 카카오빈에 수분을 15% 정도 가하는데, 이 수분이 풍미 전구물질이 더 많이 형성되도록 돕는 역할을 한다. 그런 다음 건조 과정에서 수분을 3% 정도까지 제거한 후 본격적인 로스팅을 한다.

로스팅의 온도와 시간은 원하는 카카오의 풍미, 카카오빈의 형태, 사용 장비 등에 따라 다르다. 로스팅 장비에는 보통 연속적으로 공기를 통과시키면서 로스팅하는 연속식 로스터, 일정한 곳에 넣어서 하는 배치식 로스터, 얇은 필름을 사용하는 박막식 로스터(thin-film roaster) 등이 있다.

연속식 로스터로는 분쇄하지 않은 카카오빈이나 분쇄한 카카오닙을 로스팅할 수 있다. 보통 최종 온도 105~140℃ 정도에서 30~45분 정도 로스팅한다. 연속식 로스터를 생산하는 회사는 바

<표 2-4-1> 카카오빈의 로스팅 방식 비교

구분	카카오빈 로스팅	카카오닙 로스팅		박막식 로스팅
		연속식	배치식	
좋은 풍미(첫 풍미의 보존) [fine flavor(preservation of top notes)]	+	−	+	+/−
대량의 빈(bulk beans)	+	+	+	+
코코아버터 수율 (cocoa butter yield)	−	+	+	+
유연성(flexibility)	+/−	+/−	+	+/−
규모경제(economy of scale)	+	+	+/−	+/−

+: 아주 좋음, +/−: 보통, −: 적합성 저조
자료: Beckett, *Industrial Chocolate Manufacturing and Use*.

우에르마이스터(Bauermeister), 뷸러(Buhler), 레만(Lehmann), 페츠홀트 하이데나우어(Petzholdt-Heidenauer) 등이 있다.

배치식 로스터는 바르트(Barth), 바우에르마이스터/프로바트(Bauermeister/Probat)와 레만 등이 제조한다. 이 장비로는 통상 카카오닙을 로스팅한다. 온도는 110~140℃ 정도에서 45~60분 정도 로스팅하는데 전처리 등에 따라 차이가 있다.

박막식 로스터는 카카오빈을 페이스트 상태로 로스팅한다. 페츠홀트 하이데나우어의 페초마트(Petzomat)가 이 방식의 장비이다. 이 방식은 130~140℃ 정도에서 1~2분 정도로 짧은 시간을 로스팅하는데 원하는 로스팅 정도에 따라 조정할 수 있다.

〈표 2-4-1〉은 카카오의 로스팅 방식 비교이다.

로스팅을 평가하는 지표로 배전도(焙煎度, Degree of Roasting: D.R.)가 있다. 이는 로스팅 전과 후에 카카오의 환원당 함유량을 측정하는 방법으로서 분석에 시간이 오래 걸리는 단점이 있지만 로스팅 정도를 결정하는 아주 적합한 방법으로 널리 사용되고 있다.

$$D.R. = (F.R.S.^* / I.R.S.^{**}) \times 100$$

*로스팅된 카카오빈의 최종 환원당 함유량(Final content of reducing sugar in the roasted cacao beans: F.R.S.)

**원료 카카오빈의 최초 환원당 함유량(Initial content of reducing sugar in the raw cacao beans: I.R.S.)

초콜릿과 가장 잘 어울리는 소재 중의 하나로 아몬드, 헤이즐넛, 땅콩 등과 같은 견과류를 들 수 있다. 견과류의 가공에는 유지를 사용하지 않는 드라이 로스팅(dry roasting)과 유지를 사용하는 오일 로스팅(oil roasting)이 있다.

드라이 로스팅으로는 아몬드, 땅콩 등을 170~180℃에서 17~20분 가공한다. 땅콩의 경우 로스팅 공기온도가 140℃이면 땅콩의 온도가 8분 정도에 135℃에 이르고 10분 후에는 140℃

〈표 2-4-2〉 주요 견과들의 특징 (단위: %)

성분	헤이즐넛	아몬드	땅콩	피칸(pecan)
지질 (lipids)	60.75	50.60	49.20	74.40
올레산 (oleic acid)	78.20	66.20	52.20	59.20
리놀레산 (linoleic acid)	13.50	25.30	33.20	23.50
단백질 (protein)	14.90	21.30	25.80	9.60
탄수화물 (carbohydrates)	7.00	7.90	7.60	4.60
식이섬유 (dietary fibers)	9.70	11.80	8.50	9.80
무기질 (minerals)	2.30	3.10	2.30	1.70

자료: USDA National Nutrient Database for Standard Reference, Release 19, 1994.

에 도달한다. 땅콩이 최적의 보존 안정성을 가지기 위해서는 로스팅을 강하게 해서 가능한 한 땅콩의 색상을 어둡게 하는 것이 좋다. 헤이즐넛은 150℃에서 20분 가공한다.

오일 로스팅을 할 경우는 170℃에서 4분 정도 가공한다. 땅콩은 기름이 140℃일 때 3분 정도에 135℃에 이르고 10분 후에는 140℃에 이른다. 기름이 150℃일 때는 2분 정도에 140℃에 이르고 10분 후에는 150℃에 도달한다. 두 방법 모두 기호나 특징에 따라 가공 온도는 변할 수 있는데 로스팅을 강하게 하려면 온도나 시간을 증가시킨다. 참고로 카카오빈은 드라이 로스팅을 하며 온도는 110~130℃ 정도로 한다.

드라이 로스팅은 오일 로스팅에 비해 원료와 제품의 회수 불가능한 손실이 아몬드는 2.5~3.0%, 땅콩은 5~6% 정도 크다.

오일 로스팅은 로스팅에 사용하는 유지가 견과 자체의 유지를 대체해서 견과류를 안정시키지만, 표면에 유지가 남아 있으면 최종 제품에서 유지 이동 등의 문제가 발생하므로 로스팅 직후 원심분리 등으로 표면의 유지를 제거해야 한다.

로스팅 공정의 물리적·화학적 변화로 비효소적 갈변화 반응이 일어나 풍미가 생기고 색상이 변화한다. 또 바삭바삭한 조직감을 가지며 수분은 0.5~2.0% 정도로 줄어든다.

05 · 원료 혼합

소비자가 먹는 최종 초콜릿 제품의 앞 단계가 유동성이 있는 혼합물인 초콜릿 페이스트를 만드는 단계이다. 초콜릿 페이스트를 만드는 과정은 〈그림 2-5-1〉과 같이 원료 혼합, 1단계 예비 미세화, 2단계 정밀 미세화 그리고 콘칭 과정을 거친다. 그중 개별 원료들을 배합 기준에 따라 계량하고 혼합(mixing)하는 것이 첫 공정이다. 이 공정에서 이미 콘칭이 시작된다고 할 수 있으며, 품질이 정해지는 첫 단계이다. 원료 계량 및 혼합의 목적은 배합비율을 정확하게 유지하는 것이다. 혼합단계를 효율적으로 하기 위해서는 배합량 및 배합 진행 간격 등이 중요하다. 또한 정확도를 위해서 계량 오차, 저울의 편차, 수치 반올림 등에 주의해야 한다.

후속 공정인 미세화 단계에서 가장 적합한 입자를 만들기 위해서도 원료 혼합 과정이 중요하다. 혼합 전 원료들의 입도는 어느 정도 비슷해야 한다. 원료들의 입도가 심하게 차이 나면 혼합 상태가 불균일해지고 미세화도 좋지 않게 된다.

〈그림 2-5-1〉 초콜릿의 일반적인 제조 공정

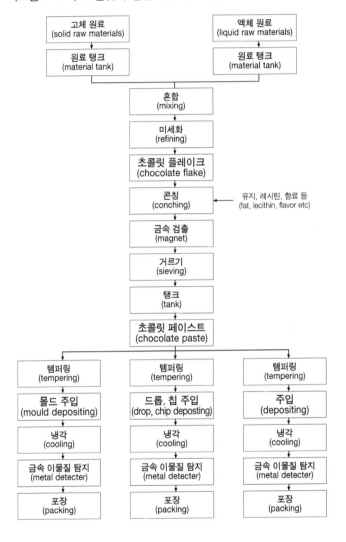

혼합 공정은 당류, 분유류, 일부 유지 등을 일정량의 비율로 혼합해서 믹서에 넣고 교반한다. 이때 각 원료를 투입하는 순서에 따라 혼합에 영향을 미친다. 원료의 투입 순서는 액상을 먼저 투입하고 그 후에 분말류를 넣는 것이 바람직하다. 일반적으로 코코아버터를 가장 먼저 투입하고 그다음에 코코아매스를 넣고 이어서 분유, 설탕 등의 순서로 원료를 투입한다.

미세화를 한 단계만 거치는가 두 단계를 거치는가에 따라서도 혼합 공정에 차이가 있다. 한 단계만 거치는 경우 두 단계를 거치는 경우보다 투입과 혼합 시간이 길다. 예를 들어 한 단계 미세화는 투입에 5~10분, 혼합에 10~30분이 소요되며 두 단계 미세화의 경우에는 투입에 3~5분, 혼합에 3~5분이 소요된다.

중요한 또 하나의 요소는 원료 혼합물의 총 유지 함유량이다. 산출하는 유지에는 코코아매스나 전지분유 등의 원료 자체에 함유되어 있는 유지도 포함해야 한다. 그 외에 추가로 투입되는 순수 유지도 고려해야 한다. 혼합된 원료의 유지 함유량은 보통 28~30%가 되어야 한다. 밀크초콜릿과 다크초콜릿, 화이트초콜릿 등 초콜릿의 종류에 따라 유지 함유량이 달라야 하며 사용하는 유지의 종류에 따라서도 함유량이 달라져야 한다. 액상유를 사용하는 경우는 유지 함유량을 더 적게 해야 한다.

혼합물의 유지 함유량에 따라 롤러에서의 투입 상태도 달라진다. 유지가 너무 많아서 혼합물이 물러지면 롤러의 양 끝으로 많이 투입되고 입도는 나빠진다. 반대로 유지 함유량이 너무 적어서 혼합물이 단단해지면 롤러에서 가운데 부분에 많이 투입되고 가운데 부분의 입도가 나빠진다. 유지의 함유량이 적당하면 롤러의 모든 부분에서 일정하게 선형 상태를 이루면서 투입되어 입도도 균일해진다. 믹서에서 38~40℃에서 5~10분 혼합한다. 혼합 온도와 시간은 유지의 용출이나 혼합물의 물성에 영향을 미치므로 각 배합별로 표준을 정한다.

원료 혼합 설비에는 연속식 공정 설비와 배치식 공정 설비가 있다. 연속식 공정이 장점은 많지만 연속적으로 원료를 정확하게 계량해야 하는 어려움이 있다. 설탕이나 분유, 코코아매스 등 다량으로 사용하는 원료라면 미미한 실수가 큰 영향을 주지 않겠지만 유화제나 향료, 유지 등은 계량 실수가 심각한 결과를 가져올 수 있다. 믹서에 레시틴을 넣으면 변이가 약간 있을 수 있는데, 이럴 경우 믹서 내 혼합물이 국부적으로 점도가 변화해서 미세화 단계에서 입도가 변화하게 된다.

배치식 공정은 원료를 계량할 때 실수 가능성이 적고, 실수가 있어도 믹서의 용량이 크면 영향이 적다. 배치식 공정은 연속식과 비교하면 상대적으로 생산성이 떨어지는데, 이를 보완하기 위해서 선행의 믹서 내용물을 꺼내는 동안 다음 믹서 내용물을 이어서 진행하거나 믹서와 롤러 사이에 보관 시스템을 두어서 선행 내용물을 꺼내어 임시 보관하면서 사용하기도 한다.

06 · 미세화와 입도

초콜릿의 부드러운 감촉과 구용성은 입도의 미세함에 근거한다. 미세화 단계에서는 입자의 크기를 조정하는 데 기본적으로 설탕 입자의 크기를 기준으로 한다.

일반적으로 롤러를 사용하여 설탕 등의 입자 크기를 작게 하는데, 보통 프리 롤러(pre roller, 보통 2단 롤)를 사용하는 예비 미세화와 파인 롤러(fine roller, 보통 5단 롤)를 사용하는 정밀 미세화의 2단계를 거친다(〈그림 2-6-1〉). 최종 제품의 입도 조절 방법의 우선순위는 제조 공정의 역순으로, 우선 파인 롤러에서 롤러 속도를 조절하는 것이고 다음이 프리 롤러에서의 롤 간격이나 압력을 조정하는 것이며 마지막으로 원료 혼합 믹서에서 유지 함유량을 조정하는 것이다.

원료 혼합 단계에서는 입자의 크기가 다른 다양한 건조 원료가 사용된다. 이들 다양한 원료들의 크기를 동등하게 만들거나 크기 편차를 줄이는 것이 프리 롤러의 역할이다.

예비 미세화 단계에서는 일반적으로 두 롤의 기어 비(gear

〈그림 2-6-1〉 프리 롤러와 파인 롤러

프리 롤러(pre roller)　　　　파인 롤러(fine roller)

ratio)를 1:2.12로 해 설탕의 입자 크기를 조절한다. 유지의 함유량에 따라 물성이 다르므로 입도의 차이가 있는데 입도가 18~19 μm 정도인 초콜릿을 만들려면 예비 미세화 단계에서 유지가 많은 배합은 100~130μm, 유지가 적은 배합은 140~200μm로 입도를 만든다. 정밀 미세화 단계에서는 5개의 롤을 통과시키면서 입도를 20μm 정도로 작게 만든다. 이때 1번 롤부터 2번 롤과 5번 롤의 기어 비율은 1:6.5~1:10.0 정도로 한다. 1번 롤과 2번 롤의 간격은 매우 중요하며 반드시 평행을 이루어야 한다.

　롤 사이의 압력은 일정해야 한다. 압력이 불균일하거나 너무 낮거나 높으면 입자의 품질에 영향을 미치게 될 뿐만 아니라 롤의 표면 상태에도 좋지 않은 영향을 준다. 압력이 너무 높으면 롤 부분에 과열 현상이 발생하여 설비에도 피해를 준다. 롤의 온도

〈표 2-6-1〉 배합의 종류에 따른 롤러의 온도 조건 (단위: ℃)

배합 종류	유지가 적은 배합	유지가 많은 배합
5번 롤	28~33	28~33
4번 롤	55~60	50~55
3번 롤	45~50	40~45
2번 롤	30~35	25~30
1번 롤	30~35	25~30

가 1℃ 높아지면 롤의 지름이 4μm 정도 증가한다. 5번 롤에서
나오는 미세화 결과의 상태를 보면 롤의 압력 상태를 알 수 있다.
롤의 적정 온도는 원료 혼합물의 배합 상태에 따라서 차이가 있
다. 유지의 함유량이 적은 경우에는 유지의 함유량이 많은 경우
보다 롤 온도를 높게 한다. 〈표 2-6-1〉은 일반적인 롤러의 온도
조건이다. 롤러의 온도 조건은 일정하게 유지해야 한다.

　롤러에서의 원료 혼합물 투입 상태가 최종 입도 상태를 결정
한다. 예비적 미세화 단계에서 설탕 입자가 유지에 의해 충분히
감싸지고 설탕에 의한 수분의 흡착이 없어야 정교한 미세화 단
계가 잘 이루어진다. 입자가 작아질수록 점도는 높아지고 항복
점(yield point)도 높아진다. 색상은 밝아지고 맛은 부드러워지
며 감미도는 높아지고 유지의 함유량은 커진다. 롤러로 투입되
는 원료 혼합물의 양이 많을수록 입도가 커지는데, 유지 함유량

이 적으면 많은 경우보다 빨리 투입한다.

초콜릿의 풍미는 콘칭 과정 이전에도 미세화 단계에서 입자의 크기를 줄이고 균질화시키는 과정에서 상당 부분 발현된다. 미세화 공정에서 소요되는 에너지의 약 80%는 유지 등에 의한 흡착과 균질화에 사용되고, 약 20%는 입자의 크기를 줄이는 데 사용된다. 만일 미세화 공정에서 파인 롤러를 쓰지 않고 프리 롤러만 사용한다면, 밀크초콜릿의 경우에 파인 롤러도 사용한 때와 같은 항복 값을 가지게 하기 위해서 유지를 1~3% 더 사용해야 한다.

파인 롤러까지 롤러를 2단계로 사용하면 1단계만 사용하는 것보다 많은 장점이 있다. 우선 설탕을 분말로 만들어서 사용할 필요가 없기 때문에 설탕의 분말화 공정에 따른 여러 가지 문제들을 피할 수 있다. 또한 입자를 더 곱게 할 수 있고 유지의 사용량을 줄일 수 있다. 시간당 생산량도 1단계만 사용하는 것과 비교하여 10~20% 증가한다. 믹서의 사용효율을 100% 이상 증가시킬 수 있고 롤러의 수명도 연장시킨다. 또한 콘칭 시간을 줄일 수 있고 시스템의 유연성을 증대시킨다.

미세화 롤러에서 롤의 간격을 줄이면 입자의 크기가 작아질 뿐 아니라 코코아매스 풍미가 상당량 발현되어 콘칭의 전제조건의 역할을 갖게 된다. 풍미에는 원료의 배합과 아울러 각 성분의 입자 크기가 영향을 미친다.

자체적으로 풍미를 가지고 있는 원료들로는 코코아매스, 분유류, 견과류 등을 들 수 있다. 원료 중 설탕, 유당 등 당류는 결정이나 무정형으로 존재한다. 원료 혼합이나 미세화, 콘칭 등에서 좋은 풍미를 발현하기 위해서는 결정 형태의 설탕을 넣어서 흡착능력을 최적화하는 것이 좋다. 미세화에서 결정형 설탕은 분열표면에 무정형 표면층이 형성되며, 입자가 작을수록 표면적이 커져서 흡착력이 증가한다. 무정형 설탕은 온도 20℃, 상대습도 70%에서 약 15%의 수분과 결합하게 된다. 정밀 미세화 단계에서 롤 사이를 지날 때 설탕의 수분이 제거되기도 한다. 설탕은 입자가 작을수록 풍미를 가지고 있는 원료들의 맛과 조화되어 좋은 맛을 발현시킨다.

입자가 작아진 혼합물이 매우 높은 유체역학적 전단력이 있는 롤 사이를 통과할 때 추가로 콘칭 효과를 얻는다. 이후 공정인 콘칭에서도 풍미가 발생하지만 롤러에서 발생하는 풍미는 콘칭 과정으로 대체하기 어려우므로 미세화부터 주의해야 한다. 따라서 2단계 정밀 미세화를 거치지 않거나 롤러를 사용하지 않고 볼밀 등을 사용해 초콜릿을 만드는 경우 최종 초콜릿의 풍미가 같을 수 없다. 미세화 롤러에서의 설탕의 입도 감소는 맛의 관능뿐만 아니라 유체역학이나 항복 값에도 영향을 미친다.

원료의 혼합부터 최종 콘칭까지 외부로부터 수분 흡수는 없어야 한다. 1단계 예비 미세화 롤러에서 입자가 조잡하게 만들어지거나 롤러에서 유지가 설탕을 적절하게 감싸지 못하면 설탕의 무

〈표 2-6-2〉입자 크기별 특성

마이크로미터(μm)	인치(inch)	특성
8	0.0003	싫증 날 정도의 느낌, 아주 곱게 갈린 땅콩버터
10~15	0.0004~0.0006	높은 등급의 제품에 최적인 미세화 상태
20	0.0008	사람의 입에서 조잡함을 인식하기 시작
20~50	0.0008~0.0020	차이를 인식…응용되는 분야의 필요에 맞추어 크기 선택
〉50	〉0.0020	모래 같은 느낌

자료: MC Publishing Co, *The Manufacturing Confectioner*(Nov, 1994).

정형 분열 표면에 외부 공기로부터 불필요한 수분이 흡착된다. 이 수분은 초콜릿의 최종 제품에 돌이킬 수 없는 영향을 준다. 1단계와 2단계의 롤러에서 롤 간격을 주의 깊게 맞추어 이러한 수분 흡착을 막을 수 있다. 덥거나 습기가 많은 때에는 특히 필요한 기술이다. 최적의 미세화와 콘칭 기술을 조합해야 품질의 중요한 세가지 척도인 입도, 맛, 유동성을 일정하게 유지할 수 있다.

초콜릿 입자와 식감의 관계는 매우 밀접하다. 초콜릿이 입에 들어가서 녹으면 점도와 함께 입자가 식감을 크게 결정한다. 초콜릿 안에 30μm보다 큰 입자가 많이 있으면 혀에서 모래와 같은 이물감이 느껴진다. 최대 입자 크기가 30μm에서 2~3μm 차이가 있어도 부드러움에서 다른 수준의 식감이 느껴진다(〈표 2-6-2〉). 최대 입자 크기가 20μm 정도인 초콜릿은 비단과 같은 매끄러운 조직을 가진다고 말한다.

입도 측정에는 스크루식 마이크로미터(micrometer screw)나 그라인드 게이지(grindometer)를 사용하여 측정하거나 현미경 으로 관찰하는 방법이 있다.

07 · 입도와 유동성

　유동성(fluidity)은 유체물질의 흐르기 쉬운 정도로서 점도와는 역관계인 성질이다. 초콜릿 안의 입자들은 서로 접촉하여 조직을 형성한다. 입자가 크면 입자 간의 접촉점이 제한되고, 입자가 작아져서 숫자가 많아질수록 인접한 입자의 접촉점은 많아져서 밀집한 조직이 형성된다. 입자가 고운 초콜릿은 입자가 조잡한 초콜릿보다 점도가 높고 항복 값도 높다.

　초콜릿이 유동성을 가지려면 이 조직이 부서져야 한다. 그러기 위해서 초콜릿 안의 고형분을 유동성 있는 유지로 감싸야 한다. 따라서 설탕의 함유량이 동일하더라도 입자의 크기가 작으면 그만큼 표면적이 늘어나 유동성에 필요한 유지의 양이 증가한다.

　유동성을 가지면 계속해서 작은 입자들이 함께 움직이게 된다. 미세화 과정을 통해서 코코아매스 및 분유에 있는 자유 상태의 유지 성분이 유출되고 유동성을 증가시킨다. 초콜릿 페이스트를 만드는 과정의 콘칭 공정도 유지를 함유한 덩어리를 깨뜨리는 효과가 있다.

초콜릿 제품의 성형 단계에서 몰드에 넣어 성형하거나 내용물을 입히는 공정에서는 입자의 크기와 물성의 관계를 잘 고려해야 한다.

유지의 추가 투입이 초콜릿 페이스트의 점도에 미치는 영향은 기존 유지의 함유량과 연관 있다. 예를 들어 이미 유지를 32% 함유한 초콜릿 페이스트에는 추가로 유지를 1% 투입해도 그 효과는 미미하다. 그러나 유지를 28% 함유한 초콜릿 페이스트에 유지 1%를 추가로 넣으면 그 효과가 상당히 크다.

여기서 주의할 점은 추가로 넣는 유지의 효과가 항복 값에 대해서는 점도에 대해서만큼 크지 않다는 것이다. 이는 항복 값이 고체 입자 간의 힘에 관련되어 입자들 간의 절대 거리가 중요한데 추가한 유지의 대부분이 입자 표면에 흡착하여 입자의 이동을 돕는 역할을 하고 입자 간의 절대 거리에 미치는 영향이 크지 않기 때문이다.

08 · 콘칭

콘칭은 초콜릿 제조의 독특한 과정으로 원료들을 고체 상태에서 액체 상태로 바꾸고 초콜릿 특유의 물성과 풍미를 발현시키는 공정이다. 정련(精練)이란 말도 사용하지만 일반적으로는 콘칭이라 한다. 콘칭 단계에는 롤러로 원료를 미세화한 플레이크(flake) 상태로 콘체에 투입하는 과정과 콘칭 과정, 그리고 첨가물 투입 및 냉각·추출 과정이 있다. 콘칭 과정에는 유지를 적게 넣은 상태에서 수분 및 이취를 제거하는 드라이 콘칭(dry conching)과 물성을 만들어주는 리퀴드 콘칭(liquid conching)이 있다. 리퀴드 콘칭 마지막 단계에서 물성과 맛을 맞추기 위해서 유화제나 향료 등 필요한 첨가물을 투입한다.

콘칭의 효과는 다양하다. 수분을 제거하고, 휘발성 산들을 제거해서 불쾌한 맛과 원하지 않는 휘발성 풍미들을 제거한다. 또한 덩어리들을 분쇄하고 입자들의 모서리를 다듬고 점도를 낮추며 좋은 풍미를 발현시킨다.

코코아매스만을 사전에 콘칭하여 코코아매스의 불쾌한 냄새를 제거하고 맛을 부드럽게 하면 콘칭 시간을 단축할 수 있어 비용을 절감할 수 있다. 예를 들어 코코아매스가 많은 하이카카오 제품은 배합 시에 사전에 콘칭한 코코아매스를 사용해서 맛을 개선하고 콘칭 시간도 단축할 수 있다.

콘칭과 초콜릿 풍미 발현의 관계는 아직 많은 연구가 필요하다. 초산의 휘발성 지방산의 최저 끓는점은 118℃인데 실제 콘칭에서는 도달하기 어려운 온도 조건으로 초산의 농도가 감소하기에는 곤란하다. 콘칭의 휘발성 물질에의 영향으로 언제나 인식할 수 있을 정도로 풍미 변화를 일으킨다고 할 수는 없다고 생각된다.

아미노산과 환원당 농도에는 콘칭(예: 세로형 콘체, 48시간, 71℃)에 의한 변화가 없다고 여겨진다. 즉, 콘칭에 의한 풍미 변화는 유리 아미노산의 분해에 의하지 않는 것으로 추측된다. 콘칭 중 생성되는 유리 아미노산의 양은 로스팅 때 발생한 양의 1/3 또는 절반 정도인데, 생성된 유리 아미노산의 약 50%가 로스팅 중에 파괴되고 나머지는 콘체에서 풍미 전구물질로 사용된다. 또한 형성된 아미노산은 콘체의 상대적으로 낮은 온도로 말미암아 반응이 느리다.

페놀은 콘칭 중에 비가역적인 단백질-페놀 상호작용으로 감소한다. 이 때문에 페놀의 떫은맛이 감소하여 더 달콤한 맛이 나게 된다. 밀크 성분을 포함한 초콜릿은 콘칭 중 65℃ 이상에서 메일라드 반응이 일어나 특별한 풍미가 부여된다.

콘칭에서 쓴맛이 감소하는 것은 코코아매스나 설탕의 물리적 변화나 설탕 결정의 표면처리(smoothing)보다는 코코아버터가 모든 코코아매스와 설탕을 코팅하여 일어나는 효과로 보인다. 코코아매스가 코코아버터로 코팅되어 섭취 시 쓴맛이 감소하는 것이다. 설탕의 깨끗한 단맛이 콘칭 후에는 명백하게 느껴지지 않는 것도 코코아버터에 의한 설탕의 코팅 효과 때문으로 여겨진다.

입도를 작게 하는 것은 콘칭 효율을 최대화시킨다. 입도가 크면 코팅에 필요한 코코아버터의 단위 소요량이 적어지고 입도가 크면 콘칭도 편해진다. 따라서 입에서 모래감을 느끼지 않는 정도에서 코코아버터 소요량을 최소화할 수 있는 입도를 결정하는 것이 중요하다.

드라이 콘칭 중에 코코아버터 등 유지를 투입하면 수분 제거와 나쁜 산 물질의 휘발을 방해하게 된다. 이는 콘칭 시간이 늘어나게 하고 에너지를 추가로 소모시킨다. 이를 막기 위해 드라이 콘칭과 리퀴드 콘칭 사이에 리퀴드 콘칭보다 유지를 적게 넣은 플라스틱 콘칭(plastic conching)을 하기도 한다.

콘칭으로 초콜릿 페이스트의 수분 함유량은 1.6%에서 0.6~0.8% 정도로 낮아지는데, 수분이 제거되면서 함께 많은 바람직하지 않은 풍미 성분들도 제거된다. 초산의 30% 정도와 비점이 낮은(low-boiling) 알데히드의 50% 정도가 휘발로 제거된다. 특히 드라이 콘칭은 효과가 크다.

전형적인 드라이 콘칭에서는 1.5~2%의 코코아버터를 드라이 콘칭 후반부에 투입한다. 드라이 콘칭에서는 수분이 많이 제거되는데 초기 수분이 1.6% 정도인 밀크초콜릿은 드라이 콘칭으로 수분이 1% 이하로 줄어든다. 하지만 수분이 0.8% 이하가 되면 콘칭 중의 제거가 쉽지 않다. 콘칭 온도를 급격히 올리면 고형물이 덩어리질 위험성이 있으므로 서서히 올리는 것이 바람직하다.

드라이 콘칭은 콘체에 부하가 많이 걸리므로 기계의 모터 용량이 부족하면 과부하를 해소하기 위해서 유지 및 유화제를 첨가한다. 이 경우 드라이 콘칭의 효과가 떨어지고 최종 초콜릿 상태에서 점도가 상대적으로 낮아진다.

플라스틱 콘칭은 초콜릿이 건조 상태와 액체 상태의 중간 형태인 페이스트 상태로 변하면서 진행된다. 이 과정에서 수분이 제거되고 유지를 첨가하여 점도가 떨어지기 시작한다. 하지만 유지가 충분히 투입된 상태가 아니므로 기계에 큰 힘이 필요하다.

리퀴드 콘칭에는 최종적인 물성을 맞추기 위해 고속 회전이 필요하다. 이 공정에서 향료와 유화제 등 최종적인 배합물을 모두 넣으며 점도 변화가 평형에 도달해야 한다. 레시틴을 첨가하는 경우에는 어떤 연구에 의하면 60℃ 이상에서 레시틴을 첨가하면 효과가 떨어진다는 보고도 있는 만큼, 콘체에서의 초콜릿 온도를 어느 정도 냉각시킨 다음 레시틴을 첨가하는 것이 좋다.

콘칭은 매우 복잡하고 작용이 민감해서 생산자들은 기존의 콘체를 다른 기종으로 바꾸는 데 아주 보수적이다. 콘칭 시간은 밀크초콜릿과 다크초콜릿같은 최종적인 제품의 특성에 맞추어 조정할 수 있는데, 일반적인 밀크초콜릿은 2~5시간 정도 드라이 콘칭을 진행한다. 콘칭 온도 또한 최종적인 제품의 특성에 맞추어 조정할 수 있다.

콘칭에는 고온에 의한 미생물 살균 효과도 있으므로 80℃ 정도에 일정 시간 노출시켜 그 효과를 크게 하기도 한다. 콘체 내에 공기를 강제로 많이 주입해서 초콜릿 안의 초산이나 수분 등의 제거를 촉진할 수 있다. 콘칭의 효과를 측정하는 방법의 한 예로 불쾌한 냄새의 주원인인 유기산을 분석하는 방법이 있다.

콘칭 시간이 증가하면 전기 등 에너지비용도 증가한다. 따라서 콘칭 시간을 줄이는 것은 에너지비용을 절감하여 제품의 원가를 절감하는 효과가 있다. 콘칭 시간을 줄이는 방법으로는 제품의 교반(agitation)을 강화하거나 걸쭉해진 페이스트에 공기 주입을 증대시키는 방법, 콘체 배관에서 공기의 교환을 강하게 하는 방법, 냉각 능력을 올리는 방법, 정밀한 코코아매스 온도 조절, 재킷에서 코코아매스를 긁어 내는 스크레이퍼(scraper)의 능력 개선 등이 있다.

〈그림 2-8-1〉 생산에 사용되는 콘체

09 · 콘칭과 레시틴

초콜릿의 점도를 낮추는 데 사용하는 유화제로서 가장 일반적인 것은 대두인지질인 레시틴이다. 레시틴 0.1~0.3%는 같은 양의 코코아버터보다 10배 이상의 점도를 낮추는 효과가 있다. 하지만 레시틴을 너무 많이 사용하면 초콜릿의 유동성에 해로울 수 있다. 레시틴을 첨가하면 첨가할수록 점도를 낮추는 효과가 있지만 레시틴이 증가하는 만큼 항복 값도 증가한다. 레시틴의 양이 0.5%이면 이미 설탕의 85% 정도를 감싸고 있으므로 추가 투입은 과잉으로 부작용을 낳을 수 있다. 최적의 레시틴 사용량은 입자의 상태와도 관련이 있어서 설탕이 곱게 분쇄되어서 표면적이 큰 경우는 상대적으로 항복 값이 높아 더 많은 양의 레시틴이 필요할 수 있다.

콘칭 단계에서 레시틴을 첨가할 때 일반적으로 콘칭 후반부에 투입하는 것이 좋다. 초기에 레시틴을 투입하면 유화력으로 수분과 결합하여 수분 제거가 어려워진다. 따라서 최소한 수분이 대부분 제거된 다음인 드라이 콘칭 후반부에 레시틴을 투입하는 것이 좋다. 더욱 바람직한 것은 리퀴드 콘칭 때 투입하는 것이다. 이 외에도 후반부에 레시틴을 투입하면 콘칭 중에 레시틴의 유지 산화를 방지할 수 있으며 콘칭 중의 높은 온도에 의해 나쁜 냄새도 발생하지 않는다.

10 · 초콜릿 점성

초콜릿 페이스트로 최종 제품을 만들 때 점도 등의 물성은 아주 중요하다. 초콜릿의 물성은 작업성뿐만 아니라 최종 제품의 속성에도 영향을 준다. 초콜릿의 물성은 점성(flow properties)과 깊은 관계가 있다. 점성과 관련된 요소로 항복 값과 소성점도(plastic viscosity)를 들 수 있다.

항복 값은 초콜릿이 유동을 시작하도록 하는 데 필요한 힘이다. 항복 값이 높으면 초콜릿이 흐르지 않고 정체하는 경향이 강해 센터물[12]의 위에 소량의 초콜릿으로 모양을 붙이는 경우 등에 필요한 성질이다. 항복 값이 낮으면 비스킷 등의 얇은 물체에 피복할 때 적합하다.

소성점도는 초콜릿이 흐르기 시작한 후 유동을 지속하는 데 필요한 힘과 관련이 있다. 이것은 초콜릿을 피복할 때 두께를 결정하거나 액상 초콜릿을 배관으로 수송할 때 실제로 필요한 펌

---

12) 초콜릿 등으로 피복할 때 피복되는 물체.

프의 능력을 결정하는 데 중요한 물성이다.

초콜릿의 점성에 영향을 미치는 요인으로는 유지의 함유량, 유화제 함유량, 수분 함유량, 입자의 크기 분포, 온도, 콘칭 시간, 템퍼링, 요변성(thixotropy), 진동 등을 들 수 있다.

우선 유지가 많으면 연속상이 많아져서 점도는 감소한다. 레시틴과 같은 유화제는 점도에 큰 영향을 준다. 다만 그 사용량에는 주의를 기울여야 한다. 예를 들어 레시틴의 사용량이 0.5%를 넘으면 오히려 초콜릿에 두텁게 하는 물성이 생길 수 있다. 항복 값을 낮추는 데는 폴리글리세롤 폴리리시놀레이트(PGPR)가 유용하다. 수분의 함유량이 높으면 설탕 간의 마찰이 증가하는 등으로 인해 점도가 올라간다. 입자의 크기가 작아지면 표면적이 증가하므로 표면을 감싸는 데 유지의 양이 더 많이 필요하고 점도는 증가한다.

초콜릿의 온도가 높아지면 점도는 감소하지만 레시틴을 첨가하지 않았으면 항복 값이 올라갈 수도 있다. 이런 현상이 발생하면 레시틴을 넣어서 항복 값을 낮출 수 있다. 콘칭 단계에서 시간이 지날수록 수분이 감소하고 설탕 등의 입자가 유지로 감싸지면서 점도는 낮아진다. 템퍼링 단계에서는 점도를 증가시켜 몰딩에 적합한 물성이 되도록 한다.

요변성은 온도가 일정할 때 교반을 하면 졸(sol)이 되고 정지하면 젤(gel)이 되는 콜로이드 분산체의 가역적인 성질을 말하는

〈그림 2-10-1〉 점도기의 종류

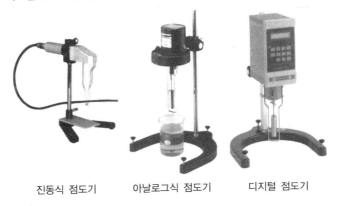

진동식 점도기   아날로그식 점도기   디지털 점도기

데, 초콜릿 페이스트의 성질에 따라 요변성이 나타난다. 오랫동안 초콜릿을 방치한 후 교반하면 초반에는 전단력이 크지만 시간이 지나면 감소하고 일정해진다. 반대로 초콜릿을 강하게 교반한 후 낮은 전단 속도로 저으면 전단력은 증가한다. 몰딩 과정에서 초콜릿에 진동(vibration 또는 tapping 또는 shaking)을 가하면 점도는 낮아진다.

　점도를 측정하는 기구에는 아날로그 방식과 아울러 디지털 방식도 있고, 저항을 측정하는 방법에도 진동을 통해 확인하는 방법과 회전 저항을 측정하는 방법 등 다양한 방법이 있다〈그림 2-10-1〉). 점도를 측정할 때에는 우선 45~50℃에서 초콜릿을 완전히 녹여야 한다. 충분히 녹지 않으면 점도 측정에 큰 오차가 생긴다. 완전히 녹은 초콜릿은 서서히 냉각시켜서 40℃가 되면 1분 동안 점도를 측정한다. 이때 점도기의 스핀들이나 회전속도는 시료에 적합하게 선정해야 한다.

점도에 사용되는 주요 단위의 관계는 다음과 같다.

1Ps·S = 1000mPa·S

1mPa·S = 1cP

1P = 100cP = 100mPa·S = 0.1Pa·S

11 · 템퍼링

    템퍼링은 초콜릿만의 고유한 공정으로 가장 중요한 공정 중의 하나이다. 템퍼링은 초콜릿의 주원료 가운데 하나인 코코아 버터의 특성에 기인한다. 템퍼링에 대한 정확한 이해와 관리는 최종적인 제품의 품질에 절대적인 영향을 미친다.

    템퍼링은 초콜릿 안에 있는 유지를 첫 번째 고화 결정을 형성할 때까지 냉각시키는 것이다. 그래서 이 과정을 예비 결정화라고도 한다. 예비 결정화 단계에서의 결정들은 템퍼링 공정에서 핵(nucleus) 역할을 하는 시드 결정이 된다. 시드 결정은 유지가 빠르게 정확한 형태가 되도록 돕는 역할을 한다. 이때 결정화하는 데 필요한 유지의 양은 1~3% 정도이다. 템퍼링하기 전에는 초콜릿의 온도를 45℃ 이상으로 올려서 혹시 있을지도 모를 유지 결정들을 미리 모두 녹여야 한다.

    좋은 템퍼링은 정확한 결정형태를 가장 작은 형태로 가장 많이 만드는 것이다. 시드 결정이 많아야 냉각 터널 이후의 결정화가 양호하다. 템퍼링이 양호하면 대개 시드 결정을 3~8% 함유하게 된다. 시드 결정은 크기가 작아야 유동성에 영향이 적어 공정 및 중량 관리에 용이하다. 결정 간의 자유로운 통로를 줄임으로써 초콜릿 설정 시간을 줄일 수 있고 광택을 좋게 할 수 있다. β 형태가 수축이 양호하고 디몰딩이 양호하다.

템퍼링은 가열-냉각-재가열(heating-cooling-reheating) 공정을 거친다. 가열은 존재하는 모든 결정을 녹이는 것으로, 만일 결정이 남아 있으면 냉각했을 때 큰 결정이 생겨서 원하는 작은 입자가 적어진다. 냉각은 핵의 형성(nucleation)과 결정의 성장을 촉진한다. 재가열은 불안정한 α 결정과 β' 결정을 살짝 녹이고 템퍼링한 초콜릿을 사용하는 곳으로 보내는 공정이다.

교반은 결정을 혼합시키는 역할을 하고 스크레이핑(scraping)은 기계 벽면의 바람직하지 않은 결정을 제거하는 것이다. 초콜릿은 열전도가 낮은 물질이므로 냉각을 빠르게 하기 위해서는 잘 혼합해야 하고 기계 안의 차가운 금속 표면과 접촉이 좋아야한다. 초콜릿의 유지가 결정화되는 속도는 온도뿐만 아니라 혼합 및 교반 속도와도 관계가 있다. 왜냐하면 유지는 이미 존재하는 시드 결정을 따라 결정화되기 때문이다. 따라서 시드 결정은 정확한 형태를 가져야 하며 초콜릿 전체에 골고루 분포해야 한다. 작은 결정들이 균일하게 혼합되어 분포된 것이 효과적이다.

설비의 교반 능력이 높으면 고체 결정들을 파괴하여 골고루 분포시킬 수 있다. 또한 열과 에너지를 공급하여 불안정한 결정들이 결정 $\beta2$로 전이되는 것을 증가시킨다. 이때 너무 많은 열이 발생하여 모든 결정이 녹아버리지 않도록 적당한 속도로 교반해야 한다.

결정화 속도를 빠르게 하기 위해 초콜릿이 결정형태 α, $\beta2'$를 만드는 온도까지 냉각시킨 다음 철저하게 교반해서 작은 결정들을 많이 만든다. 그런 다음 교반하면서 재가열하여 불안정한 결정들을 원하는 형태로 변환시킨다. 이러한 과정은 템퍼링 기계(tempering machine)에서 이루어진다. 템퍼링이 잘된 초콜릿은 냉각 터널을 통과할 때 코코아버터의 70~85%가 결정 상태이다.

템퍼링 상태에 따른 초콜릿의 물성은 다음과 같다. 템퍼링이 좋으면(good tempered) 광택이 양호하고 유지 블룸의 우려가 최소화되고 조직감, 구용성, 디몰딩, 기포의 최소화, 중량 조정 등에 좋은 결과를 낼 수 있다. 템퍼링이 부족하면(under tempered) 너무 무르고 디몰딩이 불량하며 윤기가 없고 회색을 띤다. 템퍼링이 지나치면(over tempered) 점도가 높고 기포가 많고 몰드에서의 유동성이 부족하고 중량 조정이 어렵다.

템퍼링 공정에서 냉각 단계와 재가열 단계 사이에 적어도 2.5~3.0℃의 온도 차가 있어야 한다. 초콜릿의 용해는 45℃ 이상은 되어야 하는데 가열 단계의 온도가 너무 높아서는 안 된다. 냉각이 너무 강하거나 너무 짧아서도 안 된다. 견과류에 의한 유지

성분도 너무 많아서는 안 된다.

템퍼링 후 사용했던 초콜릿을 탱크로 다시 보내서 재사용할 때에는 이전에 형성되었던 결정을 완전히 녹여야 한다. 재사용되는 양이 과다하거나 재가열이 부족해서 이전에 형성된 결정이 남아 있으면 큰 결정이 생겨 바람직한 작은 결정들의 수가 적어진다. 이러한 결정 상태에서는 시간이 지나면서 결정의 크기가 점차 커져서 지나친 템퍼링 상태가 된다.

초콜릿의 성분에 따라서도 템퍼링 공정에 차이가 있다. 예를 들어 밀크초콜릿과 다크초콜릿은 템퍼링 온도에 차이가 있다. 보통 다크초콜릿은 28~29℃, 밀크초콜릿은 27~28℃로 밀크초콜릿이 다크초콜릿보다 1℃ 정도 낮다. 밀크초콜릿의 온도가 낮은 것은 유지방이 더 많기 때문이다. 재가열 온도에서도 보통 다크초콜릿은 32~33℃, 밀크초콜릿은 31~32℃로 밀크초콜릿이 다크초콜릿보다 1℃ 정도 낮다.

〈그림 2-11-1〉 솔리치(Sollich) 사 템퍼링 기계의 내부 시스템

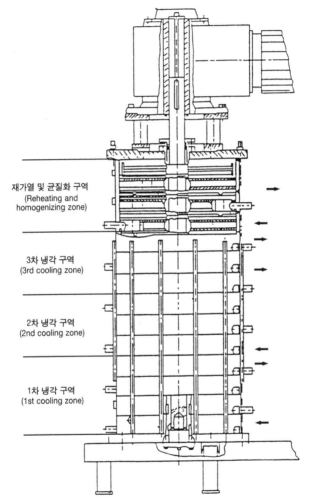

재가열 및 균질화 구역
(Reheating and
homogenizing zone)

3차 냉각 구역
(3rd cooling zone)

2차 냉각 구역
(2nd cooling zone)

1차 냉각 구역
(1st cooling zone)

자료: Beckett, *Industrial Chocolate Manufacturing and Use*,.

12 · 템퍼링 지표

　템퍼링의 결정 상태를 측정하는 데에는 엑스선(X-ray)을 사용하거나 시차주사열량계(DSC)를 사용하는 방법도 있으나 비용이나 작업성, 정확성 등에 어려움이 많다. 초콜릿의 냉각 곡선을 활용한 템퍼 측정기(temper meter)를 사용하면 쉽고 효율적으로 결정상태를 파악할 수 있다(〈그림 2-12-1〉).

　템퍼 측정기는 템퍼링의 질을 측정하는 것이 아니라 생산라인의 같은 위치에서 동일한 생산 배합에서의 결정 성장 과정의 양을 측정하는 것이다. 템퍼 측정기를 통해 결정화에 따른 발생열을 반복적으로 측정함으로써 공정 변화의 효과를 측정하는 것이다. 템퍼링이 잘된 초콜릿은 충분한 시드 결정이 골고루 분포되어 있어서 전체적인 공정이 빠르게 이루어진다. 그런 과정에서 잠재열이 방출되어 상당 시간 동안 온도가 일정하게 유지된다.

　템퍼 측정기를 사용해서 템퍼링 상태를 측정하는 방법은 다음과 같다. 템퍼링을 한 초콜릿을 측정 컵에 담아서 측정 장치의

〈그림 2-12-1〉 솔리치(Sollich) 사 템퍼 측정기

위에 올려놓는다. 그런 다음 온도센서를 꽂고 냉각되는 과정의 시간에 따른 온도 변화를 기록한 다음 그려진 온도 그래프를 분석하여 결정의 상태를 확인하고 냉각 조건을 조정한다.

그리어 평가 곡선(Greer Assessment Curves: GAS)은 시간에 따른 열 손실 및 열 획득의 조합을 기록한 그래프이다. 측정하는 온도는 초기 온도 감소의 기울기와 결정화의 열에 의한 가장 가시적인 온도 상승 기울기의 교차점 온도이다. 이 그래프에서 얻어지는 수치를 그리어 템퍼 단위(Greer Temper Unit: GTU)라고 한다.

코코아버터는 각기 다른 융점을 가진 여러 글리세라이드의 혼합물로 초콜릿의 용해 곡선은 정해진 한 점이 없는 대신 용해

범위(melting range)를 갖게 된다. 코코아버터는 시드 결정 생성이 아주 느리기 때문에 고체화가 되기 전에 상당 부분 과냉각 (supercooling)이 일어나게 된다. 이 부분이 나중에 약간의 온도 상승을 가져오는 부분이다.

먼저 초콜릿의 바깥쪽에서 결정이 생기고, 이때 생기는 열로 내부 냉각 속도가 감소한다. 냉각 속도가 감소하는 이유는 고체 초콜릿의 열전도도가 낮고 냉각원(cooling source)과 액상 중심 (liquid center)의 온도 차가 줄어들기 때문이다. 그러다가 어느 시점에서 액상 중심의 열전달 능력이 임계 용량(critical volume) 에 이르게 되고 결정 형성의 가열효과는 보다 현저해진다. 이때 의 결정 성장 정도에 따라 템퍼링의 상태가 결정된다.

템퍼링 곡선으로 그래프 상 굴곡이 생기기 전의 결정 상태를 알 수 있다. 템퍼링이 지나치다는(over tempered) 것은 결정 형 성의 가열효과가 작아서 온도가 감소해 있다는 것으로 이미 결 정이 충분히 형성되어 있다는 것이다. 템퍼링이 부족하다는 (under tempered) 것은 가열 효과가 커서 온도가 증가해 있다는 것으로 센터가 결정화되기 전에 결정이 불충분하게 형성되어 있 다는 것이다. 템퍼링이 좋다는(good tempered) 것은 가열 효과 가 일정하다는 것이다. 따라서 템퍼링이 지나친 경우는 온도를 올릴 필요가 있고, 템퍼링이 부족한 경우는 온도를 낮출 필요가 있다(〈그림 2-12-2〉).

〈그림 2-12-2〉 템퍼 측정기의 곡선과 해석

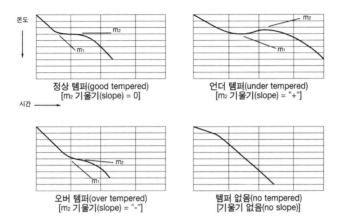

정상 템퍼(good tempered)
[m₂ 기울기(slope) = 0]

언더 템퍼(under tempered)
[m₂ 기울기(slope) = "+"]

오버 템퍼(over tempered)
[m₂ 기울기(slope) = "-"]

템퍼 없음(no tempered)
[기울기 없음(no slope)]

  템퍼링의 정도를 더욱 쉽게 나타내기 위해 각도기를 통해 잠
재열 부분의 기울기를 숫자로 나타내기도 한다. 좌로부터 작은
숫자로 표시해서 숫자가 작으면 템퍼링 부족이고 크면 템퍼링이
지나친 것이다. 보통 4~5 정도를 적절한 템퍼링으로 본다.

13 · 초콜릿 용해

초콜릿을 용해해서 사용할 때 고려해야 할 사항은 사용하는 초콜릿의 종류와 일정한 형태를 한 청크(chunk)나 상자에 포장되어 있는 블록(block) 등 공급되는 형태와 사용량 등이다. 올바른 포장이 중요한 이유는 용해 방법과 용해 장비에 적합한 형태여야 노동력을 최소화하고 폐기되는 포장재를 최소화함으로써 비용을 줄일 수 있기 때문이다.

초콜릿을 소량 용해할 때 가장 일반적으로 사용하는 설비는 전기로 가열하는 통이나 휠이 있는 템퍼링 설비이다. 이 설비로 사용 하루 전에 트레이에 정량의 초콜릿을 넣고 온도를 50℃ 정도로 해서 밤새 녹인다. 초콜릿을 대량으로 용해할 때에는 전용 용해 설비를 사용해야 한다. 이러한 대량 용해 설비에는 크게 수직형(vertical) 용해 설비와 수평형(horizontal) 용해 설비가 있다.

수직형 용해 설비는 원형으로 공간이 좁고 초콜릿 공급 형태가 청크나 웨이퍼(wafer)일 때 적합하다. 같은 용량을 가진 수평형 용해 설비보다 가격이 저렴한 편이다. 공간 사용이 효율적이고 설비를 비우고 청소하기도 용이하다. 수평형 용해 설비는 용량이 수직형보다 크지만 공간을 넓게 차지한다. 수평형 설비는 높이가 낮아서 초콜릿의 투입이 쉽고 역학적인 힘을 전달하기가 좋으며, 기름이 필요 없는 축을 가져서 기름으로 인한 오염이나 누유의 위험을 줄일 수 있다. 용해할 수 있는 용량도 크고 투입하는 초콜릿의 용량 대비 표면적이 많아서 점진적인 용해에 효율적이다.

초콜릿을 용해할 때 사전에 주의할 점은 우선 용해 설비의 청소 상태이다. 다른 종류의 초콜릿을 사용할 때 철저히 청소하지 않으면 혼합 우려가 있다. 특히 화이트초콜릿을 용해할 때 사전에 제대로 청소하지 않으면 검은 점 같은 것이 남게 되어 외관과 품질에 문제가 될 수 있다. 용해하는 동안에는 온도를 50℃로 하고 지속적으로 교반을 한다. 이때 빛이 들어가지 않도록 뚜껑을 덮는다. 화이트초콜릿은 사용하지 않는 경우 굳힌 상태에서 빛을 피해 냉암소에 보관해야 한다. 빛을 받으면 표백되고 1주일 안에 산패된다. 용해 설비에서 공급 탱크로 초콜릿을 이송하는 중에는 용해하지 않는다. 이송 중 새로운 초콜릿을 투입하면 초콜릿의 온도가 낮아져서 시드 결정이 형성될 수 있어 이로 인해 템퍼링이 지나칠 수 있다. 안전을 위해서 초콜릿 투입 시에는 교반을 멈춘다.

초콜릿이 완전히 녹아 있는 상태는 보통 60℃이다. 완전히 녹

〈그림 2-13-1〉 초콜릿 용해 설비   (참고사진: 282쪽)

인 다음에는 45~50℃로 보관한다. 밀크초콜릿보다 다크초콜릿의 용해 온도가 높다. 녹일 때에는 스팀보다는 열수를 사용하는 것이 낫다. 스팀을 사용하면 눌어붙거나 초콜릿이 경화할 수도 있다. 초콜릿을 탱크에서 펌프로 이송할 때는 45~50℃가 최적 온도이고, 사용 후 남은 초콜릿을 다시 회수할 때는 50℃ 정도를 유지해야 한다. 화이트초콜릿은 더 낮은 45℃ 정도에서 녹인다.

2~4주 정도 탱크에 보관하고 그 이상 보관할 때는 40℃에서 느리게 1시간당 10분 정도 교반한다. 장기 보관 시에는 액상보다는 블록으로 만든 뒤 사용할 때 다시 녹여 사용하는 것이 좋다.

〈그림 2-13-1〉은 블록 상태의 초콜릿을 녹이는 용해 설비이다. 박스 안에 포장된 초콜릿 덩어리를 녹일 때에는 사전에 덩어리를 작게 분쇄한 후 녹이면 시간과 동력비용 면에서 효율적으로 녹일 수 있다.

14 · 초콜릿 거르기

〈그림 2-14-1〉 실험실용 체

초콜릿에 있는 굵은 입자를 거르기 위해서 일반적으로 체(sieve)를 사용한다. 체에는 표준화된 규격이 있지만, 실제로는 공식적인 것은 아니지만 메시(mesh)라는 용어를 많이 사용한다. 제작사의 제품번호가 어느 정도는 메시라는 개념과 유의하게 불리기도 한다. 메시는 체의 그물코 치수들을 가리키는 단위로서 1인치(25.4mm) 안에 있는 그물코의 수를 나타낸다. 오프닝(opening)은 체 눈의 크기로 와이어 사이의 거리를 말하고 25.4(mm)/mesh-wire diameter(mm)로 계산한다. 〈표 2-14-1〉은 미국과 한국의 체 규격의 예이다. 〈그림 2-14-1〉은 실험실에서 사용하는 체이다.

〈표 2-14-1〉 표준 체 크기

(1) 미국

Tyler Standard Screen Scale Sieve Series	U.S. Sieve Series-ASTM Spec.
2 1/2	8.00mm
3	6.73mm
3 1/2	5.66mm
4	4.76mm
5	4.00mm
6	3.36mm
7	2.83mm
8	2.38mm
9	2.00mm
10	1.68mm
12	1.41mm
14	1.19mm
16	1.00mm
20	841μm
24	707μm
28	595μm
32	500μm
35	420μm
42	354μm
48	297μm
60	250μm
65	210μm
80	177μm
100	149μm
150	105μm
200	74μm
250	63μm
400	37μm

(2)한국

호칭 번호	KS 호칭 규격치수(mm)	체 눈의 크기
6.35		6.350mm
3.5	5.6	5.600mm
		5.000mm
4	4.75	4.750mm
5	4	4.000mm
6	3.35	3.350mm
7	2.8	2.800mm
8	2.36	2.360mm
10	2	2.000mm
12	1.7	1.700mm
14	1.4	1.400mm
16	1.18	1.180mm
18	1	1.000mm
20	850	850μm
25	710	710μm
30	600	600μm
35	500	500μm
40	425	425μm
45	355	355μm
50	300	300μm
60	250	250μm
70	212	212μm
		200μm
80	180	180μm
	160	160μm
100	150	150μm
120	125	125μm

140	106	106μm
	100	100μm
170	90	90μm
200	75	75μm
230	63	63μm
270	53	53μm
325	45	45μm
400	38	38μm
	32	32μm
500	25	25μm
635	20	20μm

자료: 한국 청계상공사.

15 · 몰딩

몰딩(moulding)은 초콜릿을 몰드(mould)에 넣어 원하는 형태의 제품을 만드는 공정이다. 이때 가장 중요한 것은 초콜릿의 물성과 초콜릿 및 공정 온도이다. 온도에는 템퍼링한 초콜릿의 온도뿐만 아니라 몰드의 온도, 작업장의 온도, 몰드의 냉각 온도 등을 망라한다. 만일 몰드의 온도가 높으면 몰드에 접촉하는 초콜릿의 결정이 녹아 시드 결정이 적어진다. 반대로 몰드가 너무 차가우면 결정이 잘못된 형태로 생성되고 이러한 결정들은 이후 냉각에서 잘못된 형태의 시드 결정으로 작용하게 되고 작업성도 떨어진다. 따라서 몰드의 온도는 템퍼링한 초콜릿의 온도와 크게 달라서는 안 된다. 몰드의 온도는 템퍼링 후 주입되는 초콜릿의 온도보다 2~5℃ 낮은 것이 좋다.

몰드 내에서의 초콜릿의 퍼짐성을 향상시켜 기포를 제거하기 위해서 몰드를 흔들어주는데 이때 진동의 빈도와 진폭이 중요한 요소이다. 진동 시간은 최저 30초는 넘어야 하고 55~60초 정도가 바람직하다. 진동 시간은 제품이나 몰드, 설비 등에 따라 다르다.

몰드 내 초콜릿을 냉각시키는 방법에는 크게 전도(conduction), 복사(radiation), 대류(convection)의 세 가지 방법이 있다. 전도 냉각 방법은 냉각체를 플라스틱 몰드나 벨트에 직접 접촉시켜 냉각하는 것이다. 복사 냉각 방법은 그리 바람직하지는 않다. 가장 바람직한 냉각 방법은 제품 위로 차가운 공기가 흐르게 하는 대류 냉각 방식이다. 제품에서 열이 공기로 방출되고 공기와 함께 순환되어 반복 냉각된다. 이 방법은 복사보다 냉각이 훨씬 빠르다.

냉각할 때 저온에 따른 문제 중 하나는 유지가 잘못된 결정형태로 만들어져서 몰드에서의 이탈이 어려워지고 매우 빨리 블룸이 발생하게 되는 것이다. 다른 문제는 공기 중의 수분이 응축되어 초콜릿에 떨어져서 설탕을 녹이는 것이다. 이 수분은 초콜릿 온도가 올라가면 다시 증발되면서 녹아 있던 설탕이 표면에 하얀 분말상이 되는 슈거 블룸을 발생시킬 수 있다.

냉각은 3단계로 구분할 수 있다. 초기 냉각단계에서는 아주 조심스럽게 냉각한다. 중간 단계에서는 가장 낮은 온도로 냉각해서 대부분의 잠재열을 방출시킨다. 이때 온도는 보통 12℃ 정도로 하지만 더 낮은 온도도 가능하다. 단, 공기를 빨리 이동시켜 응축현상을 예방해야 한다. 마지막으로 온도를 약간 올려서 포장실에 진입하도록 한다. 냉각 시간은 초콜릿에 이미 존재하는

결정의 양뿐만 아니라 결정형태별 함유량에도 연관된다. 일반
적으로 냉각에는 10~20분이 소요된다.

16 · 초콜릿 몰드

초콜릿 페이스트로 최종 제품을 만드는 일반적인 방법은 초콜릿 페이스트를 몰드에 넣어 성형하는 것이다. 몰드를 만들기 위해서는 최종적인 제품에 대한 구상이 먼저 있어야 한다. 제품의 디자인, 중량, 형태 등에 대해서 사전에 구상하고, 실제로 사용할 제조 몰드를 만들기에 앞서 실리콘 등으로 예비 몰드를 만들어서 시제품을 만들어보는 것도 아주 유용하다. 하지만 실험적으로 만드는 실리콘 몰드와 실제 생산에 사용되는 폴리카보네이트 몰드는 형태 및 중량 등에서 차이가 있을 수 있다는 것을 충분히 염두에 두어야 한다. 아울러 제조 공정에서 바닥 면을 긁는 공정의 유무 및 방법에 따라서 중량에 많은 차이가 있을 수 있으므로 유념해야 한다.

실제 몰드의 제작에는 글자 등 디자인의 구체적인 수치나 새기는 각도 등에도 주의를 기울여야 한다. 중간에 프리 몰드(pre-mould, vacuum-form sample 또는 metrodent)를 받아서 중간 점검을 하는 것이 좋다. 기포를 방지하고 디몰딩을 용이하게

〈그림 2-16-1〉 초콜릿 몰드 디자인 예

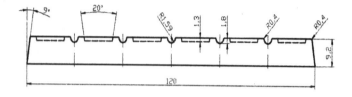

하기 위해서 디자인을 새기는 깊이는 0.2mm 정도가 적합하고,
끝을 가늘게 하는 정도(tapering)는 적어도 20°가 좋다.

　몰드의 재질로는 보통 금속이나 플라스틱을 사용한다. 각각
의 재질마다 장단점이 있지만 가장 일반적인 몰드의 재질은 폴
리카보네이트이다. 열전도율과 비용, 열에 대한 내구성, 이형성
등을 고려할 때 폴리카보네이트 몰드는 대략 3~7mm 정도 두께
가 좋다. 초콜릿을 넣은 후 진동으로 공기를 제거하는 등의 과정
을 고려하여 스트레스 강도를 줄이기 위해 몰드 뒤쪽에 붙이는
살은 크게 하여 0.5~1.0mm는 되어야 한다.

　몰드에서 초콜릿을 디몰딩하기 위해서 필요한 각도에는 충분
한 기울기를 주어야 하는데 최저 8~10°는 되어야 한다. 디몰딩
후에 제품을 포장(wrapping)할 경우 디몰딩한 초콜릿을 벨트로
이송하면 뒤 제품이 앞 제품을 밀게 되는데, 이때 앞 제품이 뒤
제품의 위로 올라가지 못하도록 몰드 아랫부분의 1~2mm 정도
는 3~4° 정도를 더 가파르게 각도를 주는 것이 좋다. 제품에 기포

가 생기는 것을 피하기 위해 글자 등 새기는 것을 포함한 모든 몰드에는 날카로운 끝이 없도록 동그란 형태로 처리하는 것이 필수이다. 몰드의 안정적인 보관 및 내구성을 위해 몰드의 바깥 두께(wall thickness)가 3mm 이상은 되어야 한다.

17 · 엔로빙

몰딩이 초콜릿을 몰드에 주입해서 만드는 공정이라면, 엔로
빙은 피복되는 물체를 센터로 해서 초콜릿을 입히는 공정이다.
전반적인 엔로빙에 대해서는 별도로 거론하지 않고 제조상의 특
정 사안들을 중심으로 다루고자 한다.

센터물을 초콜릿으로 입힐 때 센터물의 온도가 18.3℃ 이하
이면 초콜릿의 결정이 불안정하고, 31.1℃ 이상이면 β 형태가
녹으므로 23.9~26.7℃가 적당하다. 이상적인 센터물과 초콜릿
코팅체의 온도 상태는 센터물이 초콜릿 코팅체보다 4~6℃ 낮을
때이다. 센터물이 캐러멜과 누가의 혼합물로서 시트를 형성한
후 냉각해서 절단된 경우 특히 냉각에 의한 센터물의 온도에 주
의해야 한다. 예비적인 바닥 코팅(pre-bottom)은 완제품 중량의
2.5~5% 정도로 한다. 초콜릿을 입힌 후 공기를 불어줄 때는 공
기 온도를 초콜릿 온도와 같게 한다. 참고로 템퍼링 유지가 아닌
유지를 사용한 초콜릿은 40.5~43.3℃로 불어준다.

센터물을 덮는 초콜릿의 속도는 빠를수록 좋으며 초콜릿을

부어주는 부분과 센터물의 간격이 적을수록 기포 형성을 최소화할 수 있다. 초콜릿을 반복해서 사용하다 보면 센터물의 성분들이 초콜릿으로 일부 전이될 수도 있고 시간이 지남에 따라 점도가 상승하게 되므로 주기적으로 점도를 측정해야 한다. 템퍼링이 필요한 유지를 사용한 초콜릿은 공정 중에 템퍼링이 좋지 않으면 사용한 레시틴의 원료 성분 및 사용량, 유지방의 양 등을 살펴보는 것이 좋다. 유지에서 공융현상을 일으키는 다른 원료가 있는지도 확인하는 것이 필요하다.

엔로빙 후 꼬리부분의 모양을 깔끔하게 하기 위해서는 회전하는 가느다란 막대(rod)로 초콜릿이 뒤에 남지 않도록 한다. 막대의 직경은 3mm 정도가 적당하며, 필요에 맞춰 벨트의 앞뒤 및 상하로 조절할 수 있어야 한다. 막대의 회전 방향을 제품과 같은 방향으로 하면 꼬리 부분을 매끄럽게 하면서 제품을 벨트 방향으로 밀어주는 효과도 있다. 막대의 회전속도는 일반적으로 500~1,500rpm으로 한다.

벨트는 열전도가 좋도록 충분히 얇아야 하지만 주름지거나 손상되지 않도록 강해야 한다. 특히 벨트의 긴장도는 약하게 해야 한다.

냉각 공기는 입구 부분에서는 18.3℃ 이상으로 해 온도 충격과 균열을 방지한다. 중앙 부분에서는 10℃ 정도로 하고 출구 부분에서는 포장실 정도로 온도를 올리도록 한다. 중앙 부분과 출구 부분에서는 열 교환을 늘리기 위해 공기 흐름을 사용하지만, 냉각이 느려야 하는 입구 부분에서는 공기 흐름을 최소화해야 한다. 냉각에 의한 광택 손실은 전도 방식보다 대류나 복사 방식에서 잘 일어난다. 냉각 터널에서 제품 간의 거리는 최저 15mm를 유지한다. 벨트 속도는 냉각 터널의 길이에도 관련 있지만 표준속도는 0.8~15m/min이다. 벨트의 넓이는 생산량에 따라 조정할 수 있고 냉각 시간은 결정화 법칙에 의해 결정되는데, 보통 작은 제품은 5~6분, 큰 제품은 8~10분, 유지에 기초한 코팅 제품은 3~4분 정도이다.

제품의 중량은 크게 센터물과 입히는 초콜릿에 의해 결정된다. 센터물의 규격이 조금이라도 변하면 입히는 초콜릿의 양도 변하므로 센터물을 일정하게 유지하는 것이 중요하다. 그리고 초콜릿의 양은 주로 공기를 불어주는 것과 긁기 롤(licking roll)에 의해 조정한다. 일정한 공기의 속도가 유지되어야 하고 엔로버 전체적으로 진동의 양과 빈도 등도 정확히 조절되어야 한다. 제거되는 초콜릿의 양도 일정하도록 롤의 작동도 주기적으로 점검해야 한다.

〈그림 2-17-1〉 엔로버와 엔로빙된 제품 　　　(참고사진: 283쪽)

초콜릿 피복 설비 2개와 공기 분사 장치 3개를 가진 엔로버

엔로버를 통과한 제품 상태

〈그림 2-17-2〉 엔로빙 시스템(Enrobing system)

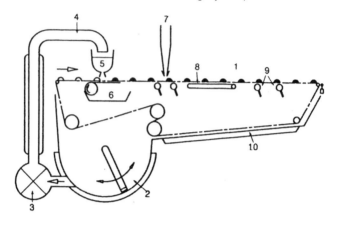

1. 그리드 컨베이어 벨트(grid conveyor belt)
2. 저장 탱크(reservoir tank)
3. 초콜릿 펌프(chocolate pump)
4. 라이저 펌프(riser pump)
5. 상부 유동 팬(top flow pan)
6. 바닥 피복 용기(bottoming trough)
7. 에어 노즐(air nozzle)
8. 그리드 진동 프레임(grid shaker frame)
9. 그리드 긁기 롤러(grid licking roller)
10. 가열된 연장 용기(heated extension trough)

자료: Beckett, *Industrial Chocolate Manufacturing and Use.*

18 · 냉각

    유지의 결정화 과정은 크게 3단계로 이루어진다. 1단계는 핵 형성 단계(nucleation)이고 2단계는 형성된 핵이 성장하는 핵 성장 단계(growth)이며 마지막 3단계는 변형 단계(transformation)이다.

    1단계에서는 개별 분자가 분자의 클러스터 형태로 모인다. 이것이 안정성을 가지게 되면 이것을 중심으로 더 많은 트리글리세라이드가 모이고 성장해서 크기가 어느 한계에 도달하면 결정핵이 형성된다. 그래서 지방산 체인이 더는 이동하지 않게 되면 액체 결정의 특성은 상실된다.

    2단계에서는 더 많은 트리글리세라이드 분자가 더해져서 결정이 커지게 된다. 그러다가 더해진 트리글리세라이드 분자가 성장하는 결정의 전체 에너지를 감소시키지 않으면 분자가 표면에서 떨어지고 결정 주위의 액상 매개물에 재용해된다. 이 단계에서 결정의 다형체와 모양이 결정된다.

    3단계는 느린 속도로 진행된다. 이 3단계에서 고려해야 할 두 가지 중요한 인자는 다형성과 조성이다. 성장이 이상적인 조건에서 이루어지면 각 트리글리세라이드 분자는 결정에서 제자리를 잡게 된다. 그러나 이상적인 경우는 적고 대신 이웃하는 분자들과 부분적으로 어울리지 않는 구조를 갖게 된다. 이런 결정들은 시간이 지나면서 녹아 더욱 안정된 구조로 재배열된다. 만일 결정형태와 조성 모두가 불안정하면 결정은 완전히 용해되어 성장단계가 다시 진행된다. 변형단계는 모든 결정이 안정된 조성과 안정된 결정형태를 가지면 멈춘다. 이 단계는 시간이 걸리고 유지의 시스템에 큰 변화를 가져오며, 유지 결정 및 유지 블룸의 성장에도 영향을 미친다.

유지의 냉각은 충분히 낮은 온도에서 신속하게 하는 것이 바람직하다. 냉각이 신속하면 핵의 형성이 유도되어 많은 수의 결정핵을 형성한다. 이들 핵은 자라지만 고체화하는 물질의 양이 제한적이므로 최종 결정은 크기가 작고 균일하다. 이것은 초콜릿에 더 좋은 조직과 일정성을 주고 표면에 좋은 광택을 준다. 또한 유지 이행을 줄인다. 신속한 냉각과 짧은 냉각 시간은 생산성에도 유익하다. 결정화 속도는 주로 유지 조성과 온도에 의존한다. 또한 설탕, 단백질, 전분, 첨가물 등 다른 물질에도 의존한다. 예를 들어 설탕 농도를 올리면 결정화 시간은 감소한다. 레시틴이나 트리스테아린산 솔비탄(Sorbitan Tristearate: STS) 같은 유화제도 고체화에 영향을 주며 두 유화제 간에도 상호작용이 있다.

〈그림 2-18-1〉 솔리치(Sollich) 사 냉각 터널의 예시

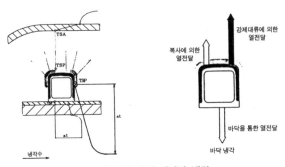

대류에 의한 냉각 터널과 냉각

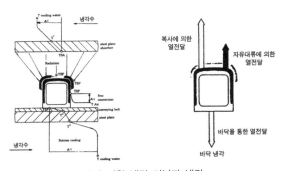

복사에 의한 냉각 터널과 냉각

　　초콜릿의 냉각 공정은 템퍼링에 의해 생긴 결정핵을 성장시
켜서 초콜릿을 고화시키는 공정이다. 냉각 시간이 20분일 경우
이상적인 온도는 전반부에 결정의 50% 정도가 완성되고 후반부

제2부 초콜릿 제조 공정 · 175

에 90%까지 성장하는 온도이다. 나머지 10%는 숙성(aging)에서 이루어진다.

초콜릿에 사용한 유지의 종류에 따라서도 냉각 시간이 다른데 코코아버터를 사용한 초콜릿은 CBR 등 대용 유지를 사용한 초콜릿보다 일반적으로 냉각 시간이 길다. 따라서 대용 유지를 사용했을 때 냉각 시간이 충분했더라도 코코아버터의 양이 증가하면 냉각 시간이 부족할 수 있다. 이 경우 냉각 시간을 늘리지 않으면 초콜릿이 충분히 굳지 않은 상태로 포장실에 들어가 문제가 발생한다. 중앙부의 최저 온도는 수분의 응축 등을 고려하여 높게 할 수도 있다. 냉각을 마치고 나오는 제품의 온도는 최저 13.4℃ 이상은 되어야 안전하다. 냉각 터널의 길이는 15~30m인데 보통 20~25m가 최적이다. 소요 시간은 15~20분이다.

유지에 따른 냉각 방법의 차이에서 CBE 유지를 사용한 경우에는 냉각 터널의 온도를 입구 쪽은 15℃, 중간 부분은 10℃, 출구 쪽은 16℃로 한다. CBR이나 CBS를 사용한 경우에는 냉각 터널의 입구 쪽과 중간 부분을 8~10℃로 하고 출구 쪽은 16℃로 한다.

초콜릿의 냉각 공정을 너무 급하게 하면 냉각 결과가 좋지 않게 된다. 냉각 터널 안에서 발생하는 수분은 공기로 강제적으로 제거해주거나 제습기를 사용해 제거해야 한다.

입구와 중앙부의 온도 차가 약 15℃에 이르기 때문에 최저 온

〈그림 2-18-2〉 솔리치(Sollich) 사 냉각 터널 예시

LK형

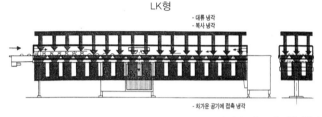

처음 존에서 부드러운 복사 냉각을 하고 이어서 직접적인 대류 냉각을 한다.
초콜릿과 복합 코팅물, 구운 제품, 과자 센터물의 냉각에 사용되며 2개
이상의 존에서 냉기에 의해 냉각된다.

KK형

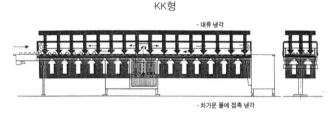

아래는 냉수로 위는 냉기로 냉각하는 다단계 냉각 터널이다. 다량의 열이
빨리 제거되어야 할 때에 적합하다.

KS형

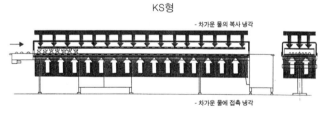

초콜릿을 입힌 제품의 부드러운 냉각에 적합한 접촉-복사 냉각 터널이다.
내부의 냉각수에 의해 바닥 부분의 접촉 냉각과 윗부분의 복사 냉각이
이루어진다.

JET형

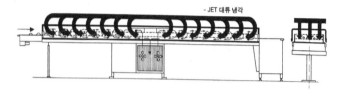

- JET 대류 냉각

특별히 구운 제품, 웨이퍼, 샌드위치 비스킷 등을 위해 만들어진 냉각 터널이다. 철망으로 된 컨베이어로 되어 있고 대류에 의해 냉각된다.

DUO형

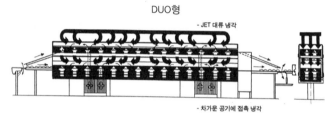

- JET 대류 냉각
- 차가운 공기에 접촉 냉각

짧은 거리에서 빠른 벨트 이동 속도나 높은 능력이 필요할 때 사용한다. 구운 제품이나 캐러멜, 퐁당, 코팅 등에 적합하다.

도 대에서 상대습도는 60% 이하이어야 한다. 습도가 높으면 결로점에 도달한 공기의 수분이 응축되어 표면 및 기계 안에 물방울로 맺힌다. 출구 온도가 실온보다 낮고 실내가 건조하지 않을 경우에도 이런 현상이 생길 수 있으므로 공조에 주의해야 한다. 냉각실을 감압해서 복사 냉각하면 냉각에 따른 고화 잠열을 흡수해서 냉각을 빠르게 함으로 수분 응축을 해결할 수 있다.

냉각 방식 중에 전도 방식이나 직접 냉각 방식은 제품과 거의 직접 접촉하기 때문에 가장 효과적으로 냉각 부하(cooling load)의 50%를 제거할 수 있다. 강제 대류 냉각 방식은 그다음으로 효과적이다. 복사 냉각은 냉각 부하의 약 7%만을 제거할 수 있어서 온도 차가 매우 클 때만 효과적이다. 〈그림 2-18-1〉과 〈그림 2-18-2〉는 냉각 터널의 다양한 형태의 예를 보여주는데 제품 특성에 따라 그에 적합한 형태를 적용하는 것이 바람직하다.

19 · 냉각 후 변화

    냉각 이후에도 초콜릿 안에서는 여러 가지 변화가 발생한다. 냉각 터널은 잠열을 발산시키고 결정 성장을 빠르게 한다. 트리글리세라이드는 상대적으로 큰 분자이므로 β'-β 구조를 이루는 데 냉각 터널에서의 시간보다 더 많은 시간이 필요하다. 과포화(supersaturation) 상태에 있기 때문에 가능한 한 최저 온도를 유지하는 것만으로 해결될 문제가 아니다. 왜냐하면 온도가 너무 낮아지면 액상의 확산을 매우 감소시켜 분자가 이미 존재하는 결정매트릭스(crystal matrix) 안에서 배열하는 데 필수적인 분자 이동성이 감소한다. 따라서 약간 따뜻한 온도에서 공정을 진행해야 한다.

    과포화는 이미 결정화된 물질과 아직 결정화가 안 된 물질 사이의 차이이다. 이 부분이 냉각 터널 이후에 결정화되는 부분이다. 결정화되는 데는 코코아버터가 냉각 터널을 나온 후 24~48시간 정도가 소요된다. 따라서 제조 후 숙성은 반드시 필요하다. 이때 결정화되면서 발산된 열을 냉각으로 제거하지 않으면 블룸이 생길 수도 있다. 템퍼링 공정에서 시드 결정이 과다하게 형성된 경우는 템퍼링이 빈약한 경우보다 가장 가까운 결정핵까지의 거리가 가깝다. 이는 너무 많은 과포화를 가져와 냉각 터널 통과 후 열이 발산되게 된다. 차고 환기가 잘되는 환경에서는 괜찮지만 환경이 열악하면 문제가 된다.

재결정도 이루어지는데 결정 크기의 분포는 템퍼링, 템퍼링 후 보관, 냉각 터널 등의 영향을 받는다. 결정의 분포가 좁고 평균 크기가 작을수록 장기적 변화에 안정하다. 단기 숙성으로 작은 입자들이 용해해서 더 큰 결정의 표면에서 재결정이 이루어지는데 이를 입자성장(오스트발트 숙성: Ostwald ripening)이라고 하고 상당히 느리게 진행된다. 이 과정에서의 변수는 용매로서 액상 코코아버터가 있고 저장 중의 미미한 온도 변화, 작은 결정들(중량 용적에 대한 표면적이 높아 더 빨리 덩어리를 잃는다)이 있다. 결정이 커지면 품질 악화가 더 분명해진다. 초콜릿의 숙성에 대해서는 뒤에 다시 다루겠다.

유지 이행(fat migration) 현상도 발생한다. 유지 이행 조건은 접근성이 있는 자유 액상 유지와 그것들을 이행할 수 있게 하는 힘이다. 보통 액상 유지의 양이 농도 차에 의해 잠재적인 힘으로 작용한다. 유지 이행은 뒤에서 다시 다루겠다.

20 · 캐러멜

캐러멜(caramel)은 초콜릿으로 만든 쉘(shell)의 가운데 부분에 크림 상태로 주입하거나 초콜릿을 입히는 센터물 등에 사용할 수 있다. 캐러멜의 점도는 유단백 수준과 비례하고 수분 함유량과는 반비례하며 유지 함유량과는 큰 관계가 없다. 캐러멜은 유지 함유량이 많을수록 압축 값(compression value)이 증가하거나 단단함이 증가한다. 당화율(Dextrose equivalent: DE)이 낮으면 압축 값은 증가한다. 결정화(graining 또는 crystallization)에 적합한 설탕과 물엿의 비율은 40:60이다. 이 비율은 원료를 고과당 물엿으로 완전히 대체하지 않는 한 풍미에 영향을 주지 않는다. 결정화를 일으키기 위해 분당(粉糖, icing sugar)이나 퐁당(fondant) 등을 첨가하기도 한다.

메일라드 반응은 온도, 산성도, 수분 함유량, 산소, 금속, 인산, 이산화황, 시간, 기타 저해제 등에 의해 영향을 받는데, 의미 있는 반응은 110℃ 이상에서 일어난다.

열과 단백질의 관계를 보면, 베타 락토글로불린(beta

lactoglobulin) 또는 기본적 유청 단백질(whey protein)은 75℃에서 변성되어 캐러멜에서 유화적 기능을 한다. 카세인(casein)은 160~199℃에서 변성되고 캐러멜을 지지하는 성질을 가진다. 시스테인(cysteine)은 자유 황화수소기(free sulfhydryl group)를 함유하고 가열된 풍미 반응에서 적극적이다. 유단백질의 약 78%가 카세인 또는 인산단백질(phosphoprotein)이다.

유지는 융점이 중요한데 유지의 적당한 융점은 35~38℃이다. 융점이 높으면 뒷맛에 왁스 느낌이 있고 융점이 낮거나 유지가 액상이면 지지력이 떨어지고 표면에 유지가 배어 나올 수 있다. 사용하는 유지의 바람직한 용해 온도는 43℃ 정도이다. 부분 경화유지는 융점이 높을수록 지지력이 양호하다. 33~35℃를 넘게 되면 왁스 같은 조직 및 향에 유의해야 한다. 유화 전에 몇 가지 유지를 혼합해서 공용효과를 내어 전체적으로 더 부드러운 유지를 만들 수 있다.

수분은 캐러멜의 결정화와 미생물 문제에 영향을 주고 수분 활성도, 단단함 등에도 영향을 준다. 캐러멜 제조 시 적당한 물의 함유량은 설탕의 1/3 정도로 모든 설탕을 녹일 수 있는 양이어야 한다. 물의 속성도 중요한데 너무 산성이면 유단백질의 변성과 침전을 막기 위해 완충염(buffer salt)을 사용해야 한다.

물엿은 당화율과 양에 따라 조직에 영향을 미친다. 당화율이 42DE로 낮은 물엿은 색이 약하고 더욱 단단한 저작 감이 있는 물성을 내게 한다. 당화율이 62DE로 높은 물엿은 메일라드 반응에 참여하는 고체물질이 많아 반응이 빠르고 진한 색상을 나타내며 부드러운 조직을 가지게 한다.

갈색 설탕(brown sugar)은 설탕을 부분 대체해서 전체적인 풍미에 좋은 변화를 가져오며, 전화당은 조직감, 시럽상의 고형, 수분 활성, 메일라드 반응에 영향을 미친다. 전화당액, 벌꿀 등 과당이 들어 있는 것은 캐러멜화가 용이하다. 포도당은 비교적 캐러멜화가 어렵다. 설탕은 160~180℃에서, 포도당은 147℃에서 분해된다. 가당연유에서 카세인은 바디감(bodyness, 밀도가 높고 꽉 찬 느낌)을 부여하고 조직에 영향을 주며 유청 단백질은 색상 및 향에 영향을 준다. 가당연유는 캐러멜에 특유의 좋은 향을 발현시킨다.

소금은 주로 풍미 증진용으로 사용한다. 대두 레시틴은 유화제로 사용하는데 다른 유화제도 사용할 수 있다. 유화제의 양이 너무 많으면 풍미나 조직에 나쁜 영향을 줄 수 있고 경제적으로도 낭비이다. 유화제가 너무 적으면 유화가 부족하여 유지가 용출될 수 있다. pH 수치를 조절하는 물질로는 탄산염(carbonates), 인산염(phosphates) 등의 완충제가 있다. pH 수치가 2.0~3.0에서 캐러멜화가 가장 어렵고 5.6~6.2에서 현저하게 잘 일어난다.

풍미를 위한 최적 온도는 110~115℃이고 냉각은 최대한 빨리 해서 비효소적 갈변화인 메일라드 및 캐러멜 반응을 약화시킨다. 냉각은 93.3℃ 이하로 한다. 캐러멜의 저장 중에 시드가 형성되어 결정화하는데, 적정 온도는 15.5~18.3℃이고 상대습도는 50%이다.

캐러멜의 색상과 풍미 조절은 제조를 시작할 때부터 마칠 때까지의 시간을 조절하여 가능한데, 제조 시간이 길수록 색상과 풍미가 좋다. 색을 강하게 하려면 갈색 설탕을 적당량 사용하여도 좋다. 그 외에 스팀 압력이나 스팀의 양에도 영향을 받는다. 또 2단계 가열로 맛과 향을 조절할 수 있는데, 1단계 가열은 보통 126℃에서 93.8Bx(Brix, 당도) 정도로 색상과 향을 조정한다. 물을 혼합한 후의 2단계 가열은 110~111℃에서 80~82Bx로 해서 점도 등 원하는 물성을 만든다. 78Bx 이하에서는 표면에 곰팡이 등의 문제가 생길 수 있으므로 78Bx 이상으로 만드는 것이 필요하다. 말토덱스트린(maltodextrin)은 감미도가 낮아서 충전제 및 증량제로 사용한다.

캐러멜과 누가를 혼합해서 센터물을 만들고 그 위에 초콜릿을 입히는 경우 누가나 초콜릿의 공기는 문제가 되지 않지만 캐러멜의 공기는 산패취의 원인이 된다. 캐러멜 안에 있는 버터와 산소가 산화 반응하여 산패를 일으키기 때문이다.

21 · 누가

누가(nougat)는 설탕과 꿀, 그리고 견과류 등을 넣은 전통적인 과자의 일종이었다. 지금은 다양한 형태의 누가가 만들어지고 있는데 난백(egg albumin)과 꿀을 주재료로 만드는 화이트 누가와 난백 없이 만드는 단단하고 아삭아삭한 갈색 타입의 누가, 그리고 초콜릿과 프랄린(praline) 등으로 만드는 누가 등 다양하다.

누가는 단독으로 또는 캐러멜과 함께 조합하여 초콜릿 응용 제품에서 좋은 센터물로 사용된다. 색상과 촉감이 좋아서 그 자체만으로도 제품이 될 수 있지만 초콜릿으로 엔로빙한 초콜릿바에 많이 사용한다. 누가는 그 조성에 따라 부드러우면서도 씹는 감이 있는 촉감부터 바삭바삭한 촉감까지 다양한 느낌을 만들 수 있다. 누가에 특징적으로 사용되는 하이포마(Hyfoama)13)는 공기가 들어 있는 물질의 안정성을 증가시키는데 난백의 대체품

---

13) 난백으로 만든 고성능 기포제. 상표명이기도 하다.

으로 사용하며 보통 누가 부분의 0.3~0.5% 정도 사용한다.

누가의 제조 공정은 다음과 같다. 난백과 하이포마 등의 분말을 물에 충분히 흡착시킨 후 물엿을 넣고 잘 휘핑하여 거품이 충분히 형성된 프라페(frappe)를 만든다. 그런 다음 105℃까지 냉각시킨 시럽에 프라페의 2/3를 혼합하고 이 혼합물을 남아 있는 프라페에 옮겨서 혼합한다. 이때 누가가 너무 무르면 설탕과 물엿의 비율을 조정하고 분당의 양을 늘린다. 실험실에서 테스트 제품을 만들 때는 굳은 시럽은 긁지 말아야 한다. 굳은 시럽에 있는 당 결정 입자가 누가에 나쁜 식감을 주게 된다. 용기에서 혼합할 때는 느리게 혼합하도록 한다.

누가의 분당은 시드 역할을 한다. 시럽의 설탕과 클러스터를 형성해서 설탕을 결정화한다. 따라서 분당을 많이 넣으면 결정화가 단축된다. 결정화는 휘핑 속도가 빠르면 빨라지고 휘핑 속도가 느리면 결정화도 느리다.

향료로는 보통 바닐린을 누가의 0.25%, 초콜릿의 0.01% 정도 사용한다. 난백 분말은 누가의 기포를 안정하게 유지시키고 흰색을 더해준다. 하이포마와 함께 쓰면 상승효과가 있는데, 함께 사용할 때에는 일반적으로 난백 분말과 하이포마를 2:1의 비율로 사용한다.

22 · 초콜릿 코팅

코팅(chocolate coating 또는 panning)은 견과류나 과일류 등 코팅할 소재를 팬(pan)에서 일정한 두께로 초콜릿을 입히는 공정이다. 엔로빙과 구별하기 위해 팬 코팅(panning)이라는 용어를 사용하기도 한다. 종종 회전하는 팬과 연관하여 '볼보(Volvo)' 공정이라고도 부른다.

초콜릿만으로 코팅하는 경우와 초콜릿 코팅 후 당 시럽으로 추가 코팅하는 경우를 구분해서 각각을 초콜릿 코팅(chocolate coating)과 슈거 코팅(sugar coating)으로 기술한다. 균일한 코팅을 위해서는 가능한 한 센터물이 균일해야 한다. 코팅과정에서 크기에 따라 팬 내부에 분획현상이 발생하는데, 작은 것은 안쪽으로 모이게 되고 큰 것은 바깥쪽으로 밀려나고 작은 것보다 큰 것에 초콜릿이 더 많이 입힌다. 결과적으로 최종 코팅된 제품은 센터물 자체보다 더 큰 크기의 차이가 발생한다. 코팅되는 내용물의 형태에 모서리가 많고 각이 진 것이나 굴곡이 많고 홈이 많은 것은 코팅에 불리하다.

초콜릿 코팅 시 센터물의 온도가 너무 낮으면 냉각은 빠르지만 표면이 매끄럽지 못하고 나중에 균열이 생기기 쉽다. 코팅하는 초콜릿의 온도에 따라서 부피가 변하는 센터물도 있기 때문에 가능하면 코팅, 보관, 판매 중에 상대적으로 일정한 온도를 유지하는 것이 균열 등을 막는 데 유용하다. 일정한 온도로 센터물의 팽창과 수축 등을 일정하게 유지할 수 있기 때문이다.

코팅하는 초콜릿은 점도가 중요한데 초콜릿의 점도가 너무 높으면 균일한 코팅이 어렵고 코팅 팬의 벽에 달라붙기 쉽다. 반대로 초콜릿의 점도가 너무 낮으면 센터물에 잘 달라붙지 않아 코팅이 안 된 부분이 생길 수 있다. 초콜릿 코팅 시 온도는 초기에 매우 조심해야 한다. 표면에 일정한 층이 형성된 다음이라야 온도를 낮추거나 올리는 것을 수회 반복할 수 있고 초콜릿 투입과 냉각을 동시에 할 수 있다. 잠재열의 방출과 마찰열이 있으므로 냉풍을 투입하지만 바람이 너무 차가우면 표면이 매끈해지기 전에 냉각되어 제품이 울퉁불퉁하게 될 수 있다.

일반적으로 팬에 불어주는 공기의 온도를 16~21℃로 하는데, 이상적인 조건은 18~21℃에 상대습도는 55% 이하이다. 작업공간의 실온은 14~18℃ 정도로 유지하도록 한다. 다크초콜릿은 밀크초콜릿보다 높은 21℃ 정도의 공기를 불어준다. 템퍼링이 필요 없는 유지를 사용한 초콜릿은 냉풍온도를 34~35℃로 한다. 초콜릿의 코팅에서는 온도가 결정적인 역할을 하는데 초콜릿을 투입한 후 너무 강한 냉각은 피하도록 한다. 냉각이 너무 강하면 고화 상태가 너무 진행되어 초콜릿 투입 횟수에 따른 초콜릿 층 사이의 결착이 나빠진다. 초콜릿 코팅 시 표면이 불균일하면 팬의 뚜껑을 닫아 밀폐시킨 상태에서 회전시켜 표면을 매끄럽게 다듬는 것이 좋다. 초콜릿 코팅이 끝나면 팬을 계속 회전시켜서 표면을 매끄럽게 처리하고 작업을 마친다.

견과류(nuts)를 초콜릿으로 코팅할 때는 견과의 유지가 초콜릿으로 이동하는 것을 막기 위해서 견과 센터물에 시럽 등으로 예비 코팅을 하는 일도 있다. 이때 시럽은 21~24℃의 공기로 건조시키고 상대습도는 60% 이하로 한다.

초콜릿 코팅을 마친 센터물은 초콜릿이 충분히 굳도록 얇게 펼쳐서 숙성시킨 후 최종적으로 표면 광택을 만든다. 1차로 시럽을 입히고 그 위에 표면 광택의 손상을 막기 위한 쉘락(shellac) 등의 광택보호제를 사용하는 것이 일반적이다. 아라비아 검(arabic gum) 시럽 용액은 광택을 발현하는 작용을 갖는데, 설탕과 아라비아 검은 결착제 기능이 있고 설탕이나 물엿 등의 당류는 당도를 조정하고 점성을 부여한다. 시럽을 입히는 횟수도 광택 및 표면 품질과 관련하여 중요한 공정 요소이다. 알코올에 쉘락을 용해해 만든 쉘락 용액에서 쉘락은 방수 및 방습 기능을 하고 알코올은 용매 기능을 한다.

광택 공정에서 특히 주의할 사항은 온도·습도 관리와 팬 내부

〈그림 2-22-1〉 초콜릿 코팅 팬

자동 팬   수동 팬

에 먼지 등의 이물질이 혼입되지 않도록 하는 것이다. 시럽 용액
은 점성이 높으므로 팬을 간헐적으로 회전시켜서 균일하게 분산
시키는데 뚜껑을 덮어 회전시키는 것이 좋다. 광택이 생긴 후에는
냉풍을 잠시 불어넣고 완전히 광택이 날 때까지 회전시킨다. 코팅
내용물과 분무 투입하는 용액 간의 거리도 중요하다. 이때 알코올
이 휘발되어 쉘락이 고체 상태로 침착되지 않도록 해야 한다.

최종 광택 공정이 끝난 제품은 온도 18℃, 상대습도 50~60%에
서 얇게 펴서 최소 12시간 이상 숙성시켜 광택을 안정시키고 코팅
필름이 전체적으로 수분평형(moisture equilibrium)하게 만든다.

〈그림 2-22-1〉은 초콜릿 코팅과 광택을 만드는 데 사용하는
자동 팬과 수동 팬이다. 초콜릿 코팅은 주로 대형 자동 팬을 사용
하고 광택은 소형 수동 팬을 주로 사용한다.

23 · 슈거 코팅

 슈거 코팅 제품은 드라제(Dragee)라 하기도 하는데 설탕 시럽을 회전 팬에 넣어서 만든 설탕 코팅 과자를 말한다. 초콜릿 코팅은 코팅 막을 굳히기 위해 온도를 낮추지만, 슈거 코팅은 코팅 막을 굳히기 위해 수분을 감소시킨다. 용액을 가한 후 건조한 공기를 불어 수분을 증발시켜 매우 고운 결정 막을 만든다.

 슈거 코팅에는 소프트 코팅(soft coating)과 하드 코팅(hard coating)의 두 가지가 있다. 소프트 코팅은 액체를 가한 후 건조가 끝나기 전에 흡착성이 있는 설탕 등과 같은 고체물을 넣어서 표면을 코팅하는 것이다. 이 방식은 젤리 코팅 등에 사용한다. 하드 코팅은 분말을 사용하지 않고 당 시럽을 반복해서 입히는 것으로, 건조 시간을 줄이기 위해 당 시럽의 농도를 사용 온도에서 포화에 가깝게 높이기도 한다. 건조는 균열을 방지하고 수분을 흡수하지 않도록 주의해야 하는데, 남은 수분은 나중에 표면으로 이동해서 얼룩이 된다.

소프트 코팅에서 코팅물의 수분은 증발이 아닌 고형물과 결합해서 제거된다. 수분을 결합시키기 위해 분말 설탕 등을 넣을 때 양이 지나치지 않도록 한다. 분당이 수분에 녹으며 팬이 회전하면서 매끈하게 코팅이 된다. 경험적으로는 0.03mm의 분당보다 0.2~0.4mm의 과립상의 당을 사용했을 때 표면이 더 빨리 매끈해지고 회전 상태도 좋다. 주의할 점은 건조가 불충분한 상태에서 추가로 코팅하면 분진 덩어리를 형성할 수 있다는 것이다.

당 시럽은 설탕 100을 기준으로 물은 40 정도가 적당하다. 물이 과다하면 작업 시간이 증가하고 용액이 걸쭉해진다. 물이 적으면 결정화 시간이 빨라지지만 완성도가 떨어진다. 이미 결정화가 이루어진 용액을 사용하면 결정이 팬의 뒷면 벽에 붙어서 코팅되는 내용물의 표면을 거칠게 만든다. 이 결정에 설탕이 덧입혀져서 코팅 제품의 표면에 달라붙을 수도 있다. 센터물이 작으면 시럽의 당도를 낮추지만 최소 67Bx는 넘는 것이 좋다.

시럽은 따뜻한 상태에서 사용이 가능한데 코팅물의 전체 표면에 재빨리 분포되기 때문에 각각의 코팅물에 대한 직접적인 가열 효과는 아주 작다. 만일 냉각을 냉각수 공급 등으로 직접 하면 설탕 결정의 석출 위험이 있다.

시럽을 투입할 때 1회당 투입하는 시럽이 과다하면 용액이 팬의 벽에 달라붙어 점점 두꺼워지고 가장자리 부분 등의 코팅이 불량해진다. 팬의 벽에 큰 덩어리가 형성되고 이것들이 분쇄되어 떨어지면서 코팅 상태를 망가뜨릴 수도 있으니 주의해야 한다. 시럽에 물엿을 0.5~1.0% 첨가하면 결착력이 증가하고 표면의 단단한 정도를 낮추어서 표면 균열을 줄일 수 있다.

하드 코팅은 당 시럽을 표면에 코팅한 후 건조시키는 과정을 반복하는데 건조가 과도해서 생기는 분진은 되도록 피해야 한다. 분진이 팬에 가득할 정도로 건조시키면 심각한 문제를 초래할 수 있는데 너무 지나치게 건조되면 코팅에 미세한 균열이 발생한다. 표면을 매끄럽게 만드는 데에도 좋지 않다. 발생한 분진은 새로 투입되는 용액의 수분으로 우선해 용해시켜야 한다.

용액을 투입하면 코팅 면적이 증가하면서 그다음의 용액 투입량도 증가하는데 보통 0.475% 정도가 증가한다. 마지막 용액 투입 후에는 건조 시 분진이 생기지 않도록 분진이 발생하기 전에 팬의 작동을 멈추고 30분 정도 방치시켜서 자연건조하도록 한다. 이때 5분 정도의 간격으로 코팅물의 위치를 이동시킨다.

슈거 코팅된 제품의 광택 보호에는 비 왁스(bee wax)나 카나우바 왁스(carnauba wax) 같은 왁스류를 사용한다. 코팅 팬의 내부도 왁스로 코팅시키는데 카나우바 왁스가 더 단단하다.

24 · 초콜릿 시럽

제빵이나 케이크에 사용하는 초콜릿 시럽(chocolate syrup)은 일반 초콜릿 제품과는 그 공정이나 물성이 다르다. 고형의 초콜릿 제품이 유지를 기초로 한 제품이라면 초콜릿 시럽은 수분 형태의 시럽을 기초로 한 제품이다. 수분을 기초로 한 제품이므로

〈그림 2-24-1〉 초콜릿 시럽 제조 공정

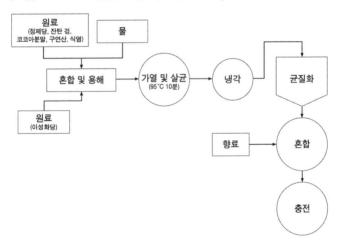

〈표 2-24-1〉 초콜릿 시럽과 초콜릿 페이스트의 비교

구분	초콜릿 시럽	초콜릿 페이스트
기본 구성	물	유지
제조설비	쿠커, 블렌더, 살균기, 충전기	믹서, 롤러, 콘체
가공 공정	시럽 제조 공정	초콜릿 제조 공정
포장	밀폐 공정	밀폐 또는 반밀폐 공정
물성상태	액상	냉각 시 고체, 가열 시 페이스트 또는 액상
제조비용	낮은 편	보다 높은 편
장점	사용 편리	고화시켜 사용, 위생문제 적어 더 안전
단점	고화 안 됨, 위생문제	사용 시 어려움이 많고 더 많은 설비 필요

특별히 미생물 등 위생에 유의해야 한다.

다음은 초콜릿 시럽 제조의 한 예이다. 정제당, 코코아분말, 잔탄 검(xanthan gum), 구연산, 식염 등의 원료를 잘 혼합한 혼합물을 물에 투입하여 충분히 교반해서 용해한다. 그런 다음 이성화당을 투입하여 교반한다. 교반한 물체를 95℃에서 10분간 가열 살균한 다음 실온으로 냉각시킨 후 균질화시킨다. 필요한 경우 향료를 투입하여 교반한 후 용기 등에 충전하여 포장한다(〈표 2-24-1〉).

25 · 숙성

많은 식품이 숙성이라는 과정을 거치는데 특히 발효식품은 숙성이 최종 제품의 품질에 큰 영향을 준다. 예를 들어 주류, 치즈, 장류, 육류 등은 숙성의 방법과 기간 등에 따라서 전혀 새로운 맛과 향을 발현시킬 수도 있다. 그만큼 숙성은 식품의 맛과 향을 결정하는 데 큰 영향을 끼치며 안정화에도 매우 중요한 과정이다.

시장에서 판매되고 있는 밀크초콜릿을 먹어보면 제조 후 시간이 지남에 따라 맛이 변화하는 것을 알 수 있다. 특히 초콜릿바(chocolate bar) 제품이나 비스킷 등을 혼합한 복합초콜릿은 맛과 함께 조직감도 크게 변화한다. 이러한 시간에 따른 품질의 변화를 일반적으로 제품의 경시적 변화(secular change)라 한다. 여기에서 말하고자 하는 것은 이러한 경시적 변화와는 별도로 제품을 제조한 후 출하해서 유통하기까지의 과정인 숙성에 관한 부분이다.

초콜릿에도 숙성은 매우 중요한 공정이다. 초콜릿 제품은 생산 후에 일정 기간 숙성이 필요하다. 밀크초콜릿은 제품의 단단함이 숙성의 처음 2주 동안에는 증가하다가 일정하게 유지되고, 광택은 처음 2주 동안 감소한다.

앞에서도 언급한 바와 같이 코코아버터가 냉각 터널을 나온 후 결정화되는 데는 24~48시간 정도가 소요된다. 따라서 초콜릿 제품을 제조한 후에는 템퍼링의 완성 및 유지 결정의 안정화를 위해서도 반드시 숙성이 필요하다. 숙성이 충분하지 않은 제품을 출하해서 유통하면 조직의 변화나 블룸 발생 등 제품에 나쁜 영향을 주게 된다. 코팅 공정에서도 초콜릿 코팅 후 광택을 내기에 앞서 숙성 공정을 거친다.

숙성은 콘칭과 유사한 효과가 있다. 즉, 휘발성 산과 방향물을 발산해 풍미에서 더욱 조화로운 프로필을 남긴다. −6.7℃ 이하로 냉동하면 숙성 과정과 관련된 변화가 중단된다.

제3부

초콜릿 제품 특성

01 · 초콜릿 드롭

초콜릿 드롭(chocolate drop)은 독특한 형태와 물성을 가지고 있어 초콜릿 쿠키에 넣어서 사용하거나 다른 과자류에 토핑 (topping)하는 등 여러 가지 용도로 사용된다. 녹여서 사용할 때는 블록 형태의 덩어리에 비해서 취급이 용이하고 보관이 편리하며 용해가 빠른 장점이 있다.

초콜릿 드롭은 데포지터가 초콜릿을 데포지팅(depositing)하면서 움직일 때 컨베이어 벨트도 함께 움직이면서 둘의 이동 시간을 동시화해서 만든다. 초콜릿의 물성은 형태를 유지할 수 있도록 점도와 항복 값이 충분히 높아야 한다. 그렇지 않으면 이동 중에 주저앉는 등 형태가 변한다.

제조 공정에서 중요한 요소는 유지 함유량을 최소로 하면서 데포지터에서 드롭의 유동성을 충분히 지속시키는 것이다. 드롭용 초콜릿의 입도는 유지가 적어서 상대적으로 좋지 않은 편으로 보통 25~35μm 정도이다. 유지의 함유량은 코팅용은 31~35%, 쿠키용은 26~29% 정도로 하는데 최종 사용목적에 따라 함유량을

<그림 3-1-1> 초콜릿 드롭의 예　　　　　　　　　　(참고사진: 284쪽)

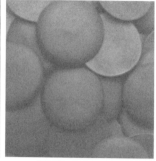

쿠키 칩 등에 사용되는 초콜릿 드롭　　　　　　　용해용 초콜릿 드롭

조정한다. 드롭이 얼룩지는 것을 막고 단단하게 하기 위해 무수 덱스트로오스(dextrose anhydrous)를 첨가하기도 한다.

　초콜릿 드롭을 쿠키에 넣어서 초코칩 쿠키를 만들기도 하는데 쿠키 안의 초콜릿 드롭은 오븐 등을 통과할 때 고온으로 표면이 녹지만 골격은 남아 형태가 쿠키와 조화를 이루어야 한다. 이 용도의 초콜릿 드롭은 앞에 설명한 바와 같이 특별한 배합 구성과 물성을 가지도록 제조한다.

　더 큰 초콜릿 드롭은 보통 그대로 사용하기보다는 용해 등을 통해서 다른 제품의 중간 원료로 사용한다. 이러한 초콜릿 드롭 형태의 중간 제품은 일반적인 초콜릿과 동일한 배합 구성 및 물성을 가지며, 형태만을 드롭으로 해서 운송 및 재사용에 편리하게 한 것이다. 블록 형태의 중간 제품과 비교하면 제조상 비용은

많이 들지만 취급 및 용해 등 사용이 훨씬 편리하다. 최종 사용자
는 이 드롭을 녹여 사용하게 된다.

02 · 초콜릿 블룸

빛의 반사에는 두 가지 형태가 있는데 입사광과 동등한 각도로 빛이 반사되는 것을 정반사(正反射, specular reflection)라 하고, 표면에서 빛이 여러 방향으로 반사되는 것을 난반사(亂反射, diffuse reflection)라 한다. 이때 입사광에 대한 반사광의 비율이 높으면 우리 눈에 광택으로 보인다. 초콜릿의 표면이 평활하면 반사율이 높아 광택이 있으나 표면이 조잡하면 산란광의 비가 커져서 광택이 사라진다. 따라서 초콜릿이 광택을 가지기 위해서는 제조 과정에서 초콜릿을 균일한 결정으로 평활하게 만들어야 한다.

블룸은 초콜릿 표면에 커다란 유지 결정 등이 생성되어 빛이 난반사해 꽃이 핀 것처럼 하얗게 보이는 현상이다(〈그림 3-2-1〉). 블룸이 발생한 초콜릿 제품이 해롭거나 하지는 않지만 외관상 비정상적인 제품이라는 이미지를 주어 소비자의 불만을 초래할 수 있다. 따라서 제조사에서는 이러한 블룸 현상을 소비자에게 이해시키고 먹어도 문제가 없음을 알리기 위해 제품 설

〈그림 3-2-1〉 유지 블룸이 발생한 초콜릿바 제품　(참고사진: 284쪽)

명에 "초콜릿은 고온이 되면 표면이 녹아 유지가 하얗게 굳는 일
이 있습니다. 이것을 유지 블룸이라 합니다. 드시는 데 지장이 없
습니다만 풍미는 떨어집니다" 같은 문구를 넣기도 한다.

　블룸에는 유지에 의한 유지 블룸(fat bloom)과 설탕의 재결정
에 의한 슈거 블룸이 있다. 일반적으로 많이 발생하는 것은 유지
블룸이고 슈거 블룸은 수분을 흡착하거나 해서 발생한다. 유지
블룸은 온도가 올라가면 녹아서 보이지 않게 되지만 슈거 블룸
은 온도가 올라가도 녹지 않는다. 이러한 특징의 차이로 두 블룸
을 구별할 수 있다.

　유지 블룸의 발생 과정에는 크게 네 가지가 있다. 첫 번째는 부

정확한 템퍼링 후 $\beta 1$ 결정형태가 $\beta 2$ 결정형태로 변화하면서 생기는 것이다. 두 번째는 숙성이나 온도와 연관되어 $\beta 2$ 결정형태가 $\beta 1$ 결정형태로 변화하면서 생기는 것이다. 이것은 유지방을 사용해서 늦출 수 있다. 세 번째는 햇빛 등에 노출되어 초콜릿이 녹은 다음 템퍼링 없이 결정화되어 발생한다. 네 번째는 부드러운 유지가 초콜릿 안으로 이동해서 생기는 것으로 내부에 크림 등을 넣은 제품에서 많이 발생한다. 내부의 유지와 외부의 초콜릿 유지가 평형을 이루어가면서 유지의 상호 이동현상이 발생한다. 이런 현상이 $\beta 2$ 결정형태가 $\beta 1$ 결정형태로 변화하는 것을 증가시킬 수도 있다.

유지 블룸을 감소시키는 방법으로 부드러운 유지를 사용하지 않고 더 단단한 유지를 사용하는 방법이 있다. 내부와 외부 사이에 층을 만들거나 초콜릿이나 내부에 블룸을 막는 유지를 사용하는 방법도 있다. 내열성을 증가시키는 BOB(B-C22: 0, behenic acid) 같은 유지를 사용하여 억제할 수도 있다. 유지방은 OPM, PPO(O: oleic acid, P: palmitic acid, M: myristic acid)와 같은 다양한 비대칭적 형태를 지니고 있는데, 이들이 결정형 $\beta 2$에서 $\beta 1$로 변화를 지연시켜 코코아버터 결정형의 변환과 성장을 억제할 수 있다. 액상 유지를 감소시키는 것도 합리적인 방법이다. 유지방은 보통 3~4% 정도를 코코아버터에 첨가하여 사용한다. 그렇지만 4%를 넘으면 유지방을 더 첨가해도 블룸 방지효과가 커지지 않는다. 유지방 외에 견과류의 유지도 결정화를 줄이는 효과가 있다.

냉각 공정에서 공기의 유동이 급격한 곳에서는 급랭으로 생긴 온도 차로 초콜릿 내부에 뒤틀림이 생겨 가느다란 균열이 생긴다. 이 균열이 원인으로 블룸이 발생하는 경우도 있다. 복사 냉각 방식은 냉각이 느려 이와 같은 균열이 생기지 않는다. 센터물에 초콜릿을 입히는 경우 사용하는 센터물의 온도가 너무 낮으면 블룸이 생길 수 있다. 센터물의 온도는 보통 28℃ 정도가 좋다.

03 · 화이트초콜릿

화이트초콜릿은 코코아매스를 함유하지 않아 색상이 검지 않은 외관 특성으로 붙은 명칭이다. 이 특징 때문에 식품법규 규정과는 상관없이 화이트초콜릿을 정통적인 초콜릿의 범주에 넣지 않는 소비자도 있는 등 화이트초콜릿에 대한 인지도는 그리 높지 않다. 화이트초콜릿의 명칭이나 성분 규격은 국가마다 다르다.

그렇지만 화이트초콜릿에는 다양한 유용성이 있다. 우선 가시적인 특성이 분명하고 코코아매스의 맛이 없으므로 우유 등 특유의 풍미가 잘 나타난다. 특정 색상의 원료나 색소를 첨가하여 다양한 색상을 표현하기에도 적합하다. 이러한 특성을 활용하여 다양한 복합제품을 만드는 데 아주 유용하다.

예를 들어 다양한 과일 맛을 초콜릿에 첨가하려 할 때 코코아매스나 코코아분말을 사용한 초콜릿은 과일의 독특한 맛을 발현하기가 쉽지 않다. 색상도 과일의 색을 표현할 수 없다. 반면에 화이트초콜릿은 다양한 과일들을 가장 유사하게 표현할 수 있다. 장식 등에 사용하는 화이트초콜릿에는 작업이 편리하고 템퍼링이 필요 없도록 코코아버터 대체 유지를 사용하기도 한다.

화이트초콜릿에 색소를 사용하여 특정 색상의 화이트초콜릿을 만들 때는 색소의 안정성에 특별히 주의해야 한다. 합성 색소에 비교하면 천연 색소는 안정성이 떨어지지만, 천연 색소 중에서 황색 계통은 적색 계통에 비교하면 안정성이 좋은 편이다. 모든 색소는 유용성이거나 유지에서 잘 분산되어야만 균질한 색을 낼 수 있다.

광택은 유지의 종류 및 작업성에 의해 결정되는데, 광택이 좋으면 지나치게 인위적인 느낌이 날 수도 있으므로 광택이 있는 것이 항상 좋은 것은 아니다. 향료도 색소와 비슷하게 안정성에 주의해야 한다. 향료는 유용성이어야 분산이 잘된다. 또 향료가 코팅 과정에서 효소적 활성을 일으켜서는 안 된다.

화이트초콜릿은 코코아매스뿐만 아니라 코코아분말도 사용하지 않는데, 코코아분말이 없는 상태에서 분유는 공기 중의 수분을 더욱 쉽게 흡수하며 종종 치즈 비슷한 냄새를 내기도 하고 조잡한 조직을 만들기도 한다. 따라서 화이트초콜릿은 제조뿐만 아니라 포장 및 유통에도 주의가 필요하다.

04 · 설탕과 초콜릿의 내열성

서로 다른 두 종류의 초콜릿 제품을 비교하면 어느 한쪽이 훨씬 잘 녹는 경우가 있다. 이와 같은 녹는 정도의 차이는 유지의 종류 및 함유량과 가장 관계가 있다. 설탕 함유량이 같으면 당연히 유지가 많을수록 쉽게 녹는다. 유지 함유량이 같아도 유지의 융점에 따라 또 다르다. 설탕은 유지보다 내열성이 크기 때문에 유지 함유량이 같다면 설탕 함유량의 차이 때문에 녹는 현상에 차이가 있을 수 있다.

초콜릿의 표면에 있는 수분은 설탕 입자들을 서로 결합시켜 설탕 골격을 만든다. 초콜릿 안의 유지가 녹아도 이 골격은 잘 녹지 않고 남아 있게 된다. 유지를 많이 넣으면 유지가 설탕 입자를 감싸서 상대적으로 골격을 만들기 어려워진다.

설탕 골격을 만들어주면 내열성을 증가시킬 수 있다. 따라서 내열성이 필요한 초콜릿을 만들려면 설탕을 잘 활용해서 설탕의 함유량과 설탕의 입자 크기를 조절하는 것도 좋은 방법이다. 주의할 점은 설탕의 함유량이나 입도는 내열성에 영향을 줄 뿐만 아니라 초콜릿의 식감 및 맛에도 영향을 준다는 것이다. 입에서 부드럽고 빨리 녹는 초콜릿을 원한다면 유지뿐만 아니라 설탕의 가공 상태도 확인해야 한다. 구용성과 맛은 초콜릿 제품의 고유한 특성이기 때문이다. 이러한 상호 연관성을 고려하여 적정한 배합과 공정을 거쳐 제품을 만들 수 있다.

05 · 초콜릿의 내열성 테스트

초콜릿의 열에 대한 저항력 테스트에는 일반적으로 두 가지 방법을 사용한다. 하나는 초콜릿에 사용한 유지가 녹을 수 있는 온도에서 일정한 시간을 두어 제품의 변화를 비교 관찰하는 상대적 내열성 테스트이다. 또 다른 방법은 주기적인 반복 테스트(cycling test)로 일정한 온도와 시간이 반복되는 조건을 통해 제품이 온도에 어떻게 반응하는지를 보는 방법이다.

고온에서의 상대적 내열성 테스트는 융점 전후 또는 융점보다 높은 온도를 설정해서 시간에 따라 온도가 제품에 어떤 영향을 미치는지를 관찰하는 것이다. 예를 들면 33℃에서 매시간 유지의 용출 현상과 제품의 형태 변화 등을 관찰하는 것이다. 일정 시간이 경과한 후에 일정한 충격을 주어서 형태의 변화나 함몰 정도를 측정하는 것도 한 방법이다.

반복 테스트의 예를 들면 초콜릿 제품을 15℃와 32℃를 12시간마다 오가면서 72시간을 관찰하는 방법이 있다. 이때 설정하는 온도는 초콜릿의 구성 성분 중 유지의 융점을 중심으로 설정

〈표 3-5-1〉 초콜릿의 내열성 테스트 예시

항목	조건
상대적 내열성 테스트	33℃에서 10분 간격으로 1시간 동안 유지 용출 정도를 측정
반복 테스트	15℃와 32℃를 12시간 간격으로 반복하면서 14일 후 상태 관찰
누름 테스트	32℃에서 40분간 방치 후 1.5g의 추로 2분간 누름 테스트 실시
충격 테스트	32℃에서 40분간 방치 후 1.5m 높이에서 낙하 테스트

하는 것이 좋다.

일반적으로 사용되는 시간 경과에 따른 품질의 변화를 관찰하는 방법과 반복 테스트의 참조 조건은 다음과 같다.

유지의 녹는 정도를 보고자 할 때는 초콜릿을 여과지에 올려놓고 33℃에서 5일 정도 경과한 후 유지의 침출 상태를 비교한다. 유지의 이행 정도를 보고자 할 때는 18~30℃에서 5일 정도 경과한 후 이행 상태를 확인한다. 초콜릿 제품에서 온도에 의한 제품의 함몰 상태를 보려면 15℃와 32℃를 오가면서 제품의 변화 상태를 관찰한다. 블룸을 보고자 할 경우에는 15℃와 32℃를 오가면서 시간에 따른 블룸의 발생 상태를 관찰한다.

06 · 초콜릿의 유지 이행

일반적으로 유지 이행은 센터물을 초콜릿으로 입혔을 때 누가, 마지팬(marzipan)[14], 캐러멜, 웨이퍼, 견과류, 충전크림 등의 센터물에 함유된 유지가 바깥쪽의 초콜릿으로 이행하는 것과 반대로 바깥쪽의 초콜릿에 함유된 코코아버터 같은 유지가 내부로 이행하는 것을 말한다. 내부와 외부에 있는 유지상은 균일한 분포를 유지하려는 성질이 있어 이행 현상이 발생한다. 따라서 내부와 외부의 유지 간의 양립성이 중요하다.

유지 이행이 일어나면 바깥쪽의 초콜릿은 조직이 물러지고 내부의 센터물이 단단해지는 등 조직이 변화하고, 제품에 유지 블룸 등의 품질 변화도 나타난다. 바깥쪽 초콜릿의 조직이 물러지는 것은 유지의 SFC가 낮아지는 것으로, 이는 센터물의 유지와 초콜릿의 코코아버터와의 공융현상에 기인한다. 유지 블룸 현상은 트리글리세라이드에서 시작되고 그것들이 표면으로 이

---

14) 아몬드 가루와 설탕, 달걀흰자로 만든 아몬드 페이스트.

동한 뒤 재결정화한다. 유지 이행의 정도는 충전물의 비율 및 조성, 저장 조건, 제조 공정, 유지의 특성 차이 등에 주로 기인한다.

유지 이행의 정도는 화학적 방법이나 물리적 방법으로 측정할 수 있다. 화학적 방법으로는 유지 중의 지방산이나 트리글리세라이드, 전체 지방 함유량, 요오드가 측정 등이 있다. 물리적 방법으로는 중량 측정, SFC 분석, 자기공명영상(Magnetic Resonance Imaging: MRI), 조직 분석(texture analysis) 등이 있다.

온도를 낮추는 것으로는 유지 이행을 막을 수 없고, 오히려 액상 유지의 농도 차이가 심화되어 악화될 수도 있다. 따라서 냉각 터널을 통과한 후 더 많은 주의가 필요하다. 원료 및 제조 공정을 개선해서 유지 이행을 줄일 수 있다. 예를 들어 센터물에 누가와 땅콩이 포함된 경우, 재료로 땅콩을 가공할 때 기름에 튀기는 오일 로스팅을 하지 않고 드라이 로스팅을 하거나 표면에 당 시럽을 코팅해서 땅콩 유지 이행을 사전에 최소화할 수 있다. 또 공정 면에서 땅콩을 골고루 분산시키는 것도 유지 이행을 줄여주며, 센터물과 적합한 엔로빙 초콜릿을 사용하는 것도 좋은 방법이다. 초콜릿으로 센터물을 입힐 때 바깥의 초콜릿의 두께가 일정하면 유지 이행을 지연시키고 제품 표면의 유지 블룸도 지연시킬 수 있다.

유지 이행에 영향을 주는 요소들을 더 구체적으로 살펴보면 다음과 같다. 저장 온도가 높으면 초콜릿은 물러지고 센터물로부터 유지의 이행이 커진다. 유지 이행은 이동상이 필요하기 때문에 대부분 액상 형태의 유지에서 이루어진다. 제품 조성에서 센터물의 비율이 높으면 제품의 특징은 뚜렷해지지만 유지 이행성도 커진다. 센터물에는 가능한 한 액상 형태의 유지 함유량을 제한하고 바깥쪽 초콜릿에는 SFC가 높은 코코아버터를 사용하는 것이 유지 이행을 줄이는 데 좋다. 유화제를 사용하면 유동성을 증가시켜서 안정성에는 부정적인 영향을 준다. 유지의 특성을 잘 고려해 양립하기 어려운 유지가 있는지 주의해야 한다. 예를 들어 센터물에 라우르산을 사용하고 바깥에 코코아버터를 사용하면 두 유지가 접촉하는 곳에서 SFC가 낮아져 유지 이행이 증가한다.

제조 공정에서 생산성을 올리기 위해서 짧은 시간에 너무 낮은 온도로 초콜릿 쉘(shell)을 냉각하면 냉각 과정에서 초콜릿 쉘이 부분적으로 결정화가 되어 센터물을 충전하면서 유지 이행을 심화시킨다. 일반적으로 공정상의 안정을 위해 냉각 온도는 10°C 이하로 내려가지 않게 하고 시간은 4분 이상 하는 것이 좋다.

유지 이행을 근본적으로 방지하는 것은 불가능하지만 센터물에 적절한 유지를 사용하는 방법, 센터물과 바깥 초콜릿 층 사이에 이행을 차단하는 층을 만드는 방법, 이행하는 유지를 결정화해서 네트워크를 만드는 특수 유지를 활용하는 방법 등으로 이행 정도를 줄이는 것은 가능하다.

07 · 카카오 폴리페놀

　식물에 있는 성분 중 건강에 유익한 비영양 성분을 광범위하게 피토케미컬(phytochemical)이라고 한다. 카카오에 있는 피토케미컬로 가장 많이 있는 것이 폴리페놀 화합물로서 발효·건조된 카카오에는 13.5% 정도 존재한다. 이들 중 대부분이 플라바놀류(flavanols)와 플라보놀류(flavonols)이다. 플라바놀류는 주로 카테킨(catechin)이고, 그중에서도 단일 성분으로 가장 많은 것은 에피카테킨[(−)epicatechin]이다. 플라보놀류에는 쿼세틴(quercetin)과 그 유도체 등이 있다.

　폴리페놀은 동일 분자 내에 수산기(hydroxyl group)를 여러 개 갖는 페놀화합물을 말하는데, 식물 등에 많이 함유되어 있는 유도체도 포함한다. 폴리페놀은 불안정하고 변화되기 쉬워 식물성 식품의 착색, 침전물 형성, 항산화성 같은 성질에 영향을 준다. 커피산(coffee acid), 클로로겐산(chlorogenic acid), 카테콜(catechol), 몰식자산(gallic acid), 플라본(flavone), 안토시안(anthocyan), 카테킨, 탄닌(tannin) 등이 있다.

〈그림 3-7-1〉 카카오에 있는 대표적인 화합물들의 구조

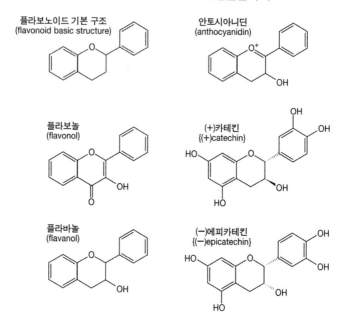

플라보노이드 기본 구조
(flavonoid basic structure)

안토시아니딘
(anthocyanidin)

플라보놀
(flavonol)

(+)카테킨
{(+)catechin}

플라바놀
(flavanol)

(―)에피카테킨
{(―)epicatechin}

    카카오의 폴리페놀은 항암작용, 살균작용, 해독작용, 노화 억제 등의 효과가 있는 것으로 알려져 있고 코코아버터가 아닌 코코아 고형물에 함유되어 있다. 따라서 코코아매스가 많은 하이 카카오 제품일수록 카카오 폴리페놀이 많이 함유되어 있다.

〈표 3-7-1〉 카카오에 있는 피토케미컬의 종류

화합물(compound)	건조 빈 (g/100g)	로스팅 및 콘칭 후(g/100g)	밀크초콜릿 (mg/100g)
플라바놀류 (Flavanols)			
카테킨류 (catechins)	3.0		
(+)catechin	1.6~2.75	0.03~0.08	0.02
(−)epicatechin, (+)gallocatechin, (+)epigallocatechin	0.25~0.45	0.3~0.5	
류코시아니딘류 (Leucocyanidins)			
L_1-L_4	2.7	L_1: 0.08~0.17	
폴리류코시아니딘류 (Polymeric leucocyanidins)	2.1~5.4		
안토시아닌류(Anthocyanins)		0.01	
3-α-L-arabinosidyl cyanidin	0.3		
3-β-D-galactosidyl cyanidin	0.1		
플라보놀류(Flavonols)			
Quercetin			
Quercetin-3-arabinoside			
Quercetin-3-glucoside			
총 페놀류(Total phenolics)	13.5		

자료: Knight, *Chocolate and Cocoa, Health and Nutrition*.

08 · 초콜릿의 맛

맛을 평가한다는 것에는 외관, 냄새, 맛, 조직 등의 평가가 모두 포함된다. 냄새는 코에서의 감각으로 휘발성 물질이 대상으로 일반적으로 극성이 낮다. 냄새 물질은 낮은 농도로 존재하고 다채로운 냄새를 부여한다. 맛은 혀에서의 감각으로 비휘발성 물질이 대상으로 극성이 높고 물에 녹는 특성이 있으며 비교적 높은 농도로 존재한다.

식품에서 냄새의 생성은 크게 효소적 향기 생성 반응과 비효소적 향기 생성 반응이 있다. 효소적 향기 생성 반응은 과일 등의 숙성에 따른 대사 과정에서 발생하는 것과 같은 생합성 생성과 발효식품과 같은 가공에 의한 효소적 생성 반응이 있다. 비효소적 향기 생성 반응은 조리식품과 같은 가열에 의한 것과 그 외에 산화냄새, 방사선 및 자외선 조사냄새 등이 있다.

맛을 평가하는 관능 평가에서 다섯 개의 감각을 측정 기구로 이용하게 되는데 시각, 미각, 후각, 청각, 촉각이다. 시각으로는 외관을 평가하고 미각으로는 단맛, 신맛, 짠맛, 쓴맛 등을 감별

한다. 이것이 맛의 근본적인 평가가 된다. 후각으로는 냄새를 평가하는데 단맛, 신맛, 짠맛, 쓴맛 이외의 모든 다른 맛은 실질적으로 후각적인 것이다. 청각은 제품에 대한 반응으로서 중요한데 씹을 때의 소리를 평가할 수 있다. 특히 견과류나 퍼프[puff, 곡물 등을 팽화(膨化)시킨 소재] 등이 함유된 바삭바삭한 초콜릿 제품에는 아주 중요한 평가요소가 된다. 촉각은 차갑거나 따뜻한 느낌, 단단함, 점성 등을 느끼는 데 중요한 요소이다. 이러한 관능적인 요소들은 독립적이지 않고 상호 연관되어 있어 여러 감각을 종합하여 적합한 평가 항목을 선정하여 평가하게 된다. 예를 들어 바삭바삭한 촉감, 단단함, 용해성, 차가운 느낌, 녹는 속도, 초기 녹기 시작하는 느낌, 달라붙음, 두꺼운 느낌, 스냅성 등등의 항목이다.

초콜릿의 기본적인 맛으로는 쓴맛, 단맛, 짠맛, 신맛 등이 있다. 카카오의 쓴맛은 크산틴(xanthines), 테오브로민, 카페인 등과 같은 물질에 기인한다. 이 외에도 로스팅 공정에서 발생한 물질들도 쓴맛에 기여한다. 쓴맛을 억제하기 위해서 소금을 사용하기도 하는데 소금은 쓴맛을 억제해 단맛이 드러나게 한다.

초콜릿의 풍미를 크게 세 가지로 나눈다면 초콜릿의 기본적인 풍미와 소량으로 존재해 초콜릿의 풍미를 향상시키는 보조 풍미, 그리고 초콜릿의 풍미를 가리거나 떨어뜨리는 나쁜 풍미로 나눌 수 있다. 기본적인 풍미는 카카오빈 자체에서 유래하는 풍미로서 쓴맛이나 떫은맛이 있다. 가공 공정에서 탄닌이나 방향 물질이 만들어지고 견과류 맛이나 신맛, 과일 맛을 내는 풍미와 탄 맛 등이 생긴다. 보조 풍미로는 가공 중에 첨가하거나 해서 생기는 꿀, 맥아, 퍼지, 토피, 캐러멜, 산, 견과류, 과일, 건포도, 탄 맛 등이 있다. 카카오빈의 고유 풍미인 떫은맛, 쓴맛은 나쁜 풍미가 될 수도 있다. 가공 중에 생기는 나쁜 풍미로는 산, 건포도, 과일, 콩, 담배, 허브, 스파이스, 쏘는 맛, 빵, 흙, 알칼리, 곰팡이, 비린내, 약품, 기름, 햄, 연기 등의 풍미가 있을 수 있다.

여러 가지 풍미는 기본적인 풍미가 되기도 하고 보조 풍미나 나쁜 풍미가 될 수도 있다. 이러한 차이는 존재하는 해당 성분의 강도나 전체 풍미에 대한 상대적인 효과에 의존한다. 예를 들어 탄 맛은 로스팅 공정에서 온도와 시간을 어떻게 하느냐에 따라 정도가 다르고 탄 맛의 강도가 어느 정도냐에 따라 좋은 풍미일 수도 있고 나쁜 풍미일 수도 있다. 신맛이나 쓴맛, 떫은 맛도 기본적인 맛이지만 그 양이 과다하면 오히려 나쁜 풍미를 남기게 된다.

〈표 3-8-1〉 초콜릿 풍미를 나타내는 용어

(1) 기본적 풍미

쓴맛 (Bitter)	쓴맛은 푸린류와 폴리페놀류에서 기인한다. 푸린화합물은 입의 뒷부분과 목에서 느껴지고, 폴리페놀류는 혀와 입천장의 끝에서 느껴진다.
떫은맛 (Astringent)	떫은맛은 입에서 느끼는 특유한 감각으로 조금이라도 많아지면 금속 풍미 또는 놋쇠 풍미가 된다. 주로 폴리페놀류의 탄닌에 기인한다.

(2) 보조 풍미

산미 (Acid)	초콜릿에 생생한 시큼함을 부여하는 날카로운 맛으로, 발효 과정에서 남은 초산이나 초산에스테르 및 기타 비휘발성 산에서 유래한다.
탄 맛 (Burnt)	약간 탄 견과류, 빵, 비스킷 등이 연상되는 풍미이다. 하지만 깃털이나 고무, 플라스틱, 단백질 또는 브레이크 라이닝의 탄 풍미는 아니다. 발효 중에 생성된 과이어콜(guaiacol), 유제놀(eugenol) 등의 페놀류에서 날 수 있다.
캐러멜 (Caramel)	약하게 탄 설탕 풍미로서 달고 기분 좋은 느낌으로 토피와 유사하다. 생성조건은 불확실하다.
과일 맛 (Fruity)	프룬(말린 자두) 같은 신선한 과일과 유사한 풍미이다. 산미와 비슷해 보이지만 크게 유사하지는 않다. 초산과 초산에스테르, 기타 휘발성 산에서 유래한다. 체리, 블랙커런트(black currant)와 유사한 풍미를 나타낸다.
퍼지 (Fudge)	밀크 초콜릿 음료나 약한 토피형 초콜릿과 유사한 풍미이지만 산미나 떫은맛, 쓴맛은 없다. 밋밋한 초콜릿 풍미로 발효가 지나치면 생성된다.
꿀 (Honey)	천연 꿀과 같은 풍미, 달고 무겁고 달라붙는 느낌이다. 폴리페놀류와 탄닌 복합체에 의해 형성된다.
맥아 (Malt)	당밀(molasse)과 같은 풍미. 미생물의 대사물질 또는 설탕과 아민(amines)의 반응으로 생긴 피라진류에 기인한다.
견과류 맛 (Nutty)	약하게 볶은 견과류(nuts) 풍미. 설탕과 아민의 반응으로 생긴 피라진류에 기인한다.

건포도(Raisin)/주스 맛(Juicy)	건포도, 프룬, 대추 등과 같은 풍미. 산미가 가득한 향미는 입안에서 주스 같은 느낌. 초산, 탄닌, 기타 방향성 화합물에 의해 형성된다.
토피(Toffee)	럼(rum) 및 버터와 유사한 풍미. 피라진류의 특징적 냄새이다.

(3) 나쁜 풍미

산미(Acid)/신맛(Sour)	식초나 새콤한 와인과 같은 풍미. 취식 후 입의 안쪽에 맛이 오래 남는다. 초콜릿 풍미와 기타 약한 풍미들을 막는다. 발효에서 생긴 산에 의한다.
알칼리성 맛(Alkaline)	아민과 같은 기초 화합물의 전형적인 풍미로 비누 같은 풍미. 지나치게 발효한 카카오빈에서 나는데 곰팡이의 대사 물질 때문일 수 있다.
떫은맛(Astringent)	금속이나 놋쇠 같은 풍미. 혀와 치아에서 거칠고 불쾌한 느낌으로 발효가 부족한 카카오빈에서 유래한다.
콩 맛(Beany)	볶은 단백질이나 빈의 특징적인 풍미. 발효가 안 되거나 부족한 카카오빈에 있는 가수 분해가 안 된 단백질에 열이 가해져서 생기는 불쾌한 냄새이다.
빵 맛(Bready)	효모 풍미. 불쾌하지는 않더라도 초콜릿의 풍미를 떨어뜨린다.
쓴맛(Bitter)	과다하게 있으면 불쾌한 냄새가 된다. 폴리페놀의 쓴맛보다 푸린의 쓴맛이 더 불쾌하다. 발효가 미약하여 빈에서 (쓴맛 성분의) 확산이 제대로 이루어지지 않아 생긴다.
탄 맛(Burnt)	강하고 날카로운 맛으로 보조 풍미로도 좋지 않다. 로스팅이 지나치거나 빈이 탄 경우에 생긴다.
흙 맛(Earthy)/곰팡이 맛(Mouldy)	뒷맛으로 남는 흙과 같은 풍미이다. 곰팡이와 같은 풍미를 수반할 수 있다. pH 수치가 높으면 약간 비누 같은 느낌이 있다. 발효 및 건조 과정에서 공기가 너무 많이 들어가거나 너무 오래 건조하여 곰팡이의 생장이 발생한 경우 형성된다.
생선 맛(Fish)	날생선이나 에틸·메틸아민과 같은 풍미이다. 부패 상태에서 카르복실기의 이탈에 의해 생기는 것으로 추측된다.
과일 맛(Fruity)	강한 신맛의 풍미로 다른 더 세밀한 풍미들을 억제하는 특성이 있다.

햄 맛 (Hammy) /스모크 맛 (Smoky)	훈제고기나 치즈의 풍미로 조건에 따라 스모크 풍미 또는 햄 풍미가 강하게 나타날 수 있다. 빈을 건조할 때 스모크 에 오염되거나 드물게는 발효가 지나치면 생긴다.
허브 맛 (Herbal)	방향식물을 연상시키는 알코올 베이스 시럽 감기약과 같 은 풍미이다.
기름 맛 (Oily)	버터 같거나 기름진 불쾌한 느낌을 준다. 지나치게 발효된 카카오빈에서 기인한다.
페놀(Phenolic) /식물(Pant)	알데하이드나 목초와 같은 풍미이다.
쏘는 맛 (Pungent)	목의 안쪽에 남는 풍미로 서양고추냉이(horseradish) 또 는 약한 겨자와 닮은 맛이다.
스파이스 맛 (Spicy)	정향나무(clove), 육두구(nutmag), 계피와 같은 날카롭 고 독특한 풍미이다.
담배 맛 (Tobacco)	열을 가한 담배 잎과 유사한 풍미이다.

자료: Ropez A. S. and McDonald C. R., *Revista Theobroma*(1981).

초콜릿의 맛을 비교하는 데에는 다양한 방법이 있는데 제품
의 특성별로 비교 항목을 설정해서 실시하기도 한다. 〈표
3-8-2〉와 〈그림 3-8-1〉은 제품의 맛을 비교 조사한 예
이다.

초콜릿의 쓴맛과 단맛에 대한 민감성은 모든 사람이 같지는
않고 개인마다 많은 차이가 있다. 그런 차이 중 어떤 부분은 유전
적인 원인도 있다. 연구에 의하면 국가별로도 쓴맛에 대한 민감
성이 다르다고 한다. 어느 나라에서는 단맛이 강한 제품을 상대
적으로 선호하는 반면 다른 나라에서는 단맛이 강한 것을 상대

〈표 3-8-2〉 초콜릿의 맛 비교조사 예

비교 항목	평가(1~5)		
	제품 1	제품 2	제품 3
바디감 강도(intensity-body)	3	3	3
카카오 맛(cacao taste)	3	3	3
우유 맛(milk taste)	4	3	4
단맛(sweetness)	3	3	4
녹는 정도(melting)	4	3	3
풍미(flavor)	3	3	4
딱딱함(hardness)	3	4	4
뒷맛 정도(aftertaste intensity)	4	4	3

적으로 싫어한다. 이러한 사실을 고려하지 않고 동일한 단맛의
제품을 두 나라에서 소비자에게 제공한다면 판매에까지 영향을
줄 것이다. 외국에서 제품을 도입할 때 국가별로 맛에 대한 민감
성의 차이점을 고려하여 맛의 현지화를 과감히 수용하는 제조사
가 있는 반면, 고유의 맛을 강하게 견지해서 그대로 도입하게 하
는 제조사도 있다. 중국 같이 지역적인 특성이 강한 나라에서는
한 국가 내에서도 지역별로 맛의 선호도가 다르므로 제품을 개
발할 때 지역적 특성을 고려할 필요가 있다.

성별에 따라서도 유전적으로 단맛에 대한 민감도에 차이가 있
다는 연구결과가 있다. 여성이 남성보다 달콤한 것을 더 선호하
며 달콤한 것을 탐닉하는 빈도도 여성이 남성보다 높다고 한다.

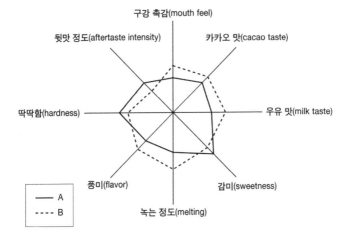

〈그림 3-8-1〉 초콜릿 맛 비교 프로필 예

맛에 대한 인종적 차이에서는 유전적 요인과 경험적 요인이 모두 영향을 주는 것으로 보인다. 예를 들어 같은 인종이라도 취식 경험이 있는 경우와 없는 경우는 맛에 대한 반응이 다르다.

연령별로는 나이가 들어가면서 전체적으로 맛에 대한 민감성이 저하되지만 단맛이나 짠맛보다는 쓴맛이나 신맛에 대한 민감성의 저하가 크다고 한다.

그러므로 초콜릿 제품에 대해서 기호조사를 시행할 경우에는 다양한 변수를 고려하여 오차를 줄여야 한다. 평가자 선정에도 성별, 연령, 취식 경험 및 빈도, 유사제품에 대한 인지도뿐만 아니라 평가자의 사회적 신분까지도 고려할 필요가 있다.

초콜릿 제품을 연구 개발하는 입장에서는 소비자를 보다 구체적으로 세분화해서 목표로 하는 대상을 선정하고 그에 맞는 제품을 개발할 필요가 있다. 이처럼 대상을 세분화하여 특정 대상에 대한 제품을 개발하는 것과는 달리 성별, 연령별 등 다양성에 맞추어 다양한 제품들을 만들어 동시에 소비자에게 선택의 폭을 넓게 해주는 것도 한 방법이 될 수 있다. 그 일례로 코코아매스를 많이 함유한 하이카카오 제품에서 다양한 함유량의 제품들을 동시에 출시하여 소비자가 원하는 함유량의 제품을 선택하게 하는 것을 들 수 있다.

09 · 초콜릿의 영양과 기능

　카카오 및 초콜릿의 영양과 기능에 대해서는 많은 연구발표가 있었고 지금도 많은 연구가 진행되어 그 결과가 발표되고 있다. 초콜릿의 기본적이고 특징적인 영양과 기능은 카카오라는 특수한 원료로부터 온다고 할 수 있다. 물론 카카오 외에 유제품이나 당류 등에 의한 영양 및 기능도 부인할 수 없다. 이런 여러 영양과 기능 가운데 많은 책이나 연구발표의 기저에 깔린 공통적이고 주요한 사항들과 소비자들이 관심이 있는 몇 가지만 살펴보겠다.

　나이가 들면 노화나 각종 질환에 대한 우려가 커진다. 동맥경화나 당뇨병, 암 등의 발생원인 중의 하나로 체내에서 발생하는 활성산소(active oxygen)가 있다. 이 활성산소는 산화력이 강한 맹독성 물질로서 체내의 다른 물질과 결합하는 힘이 매우 강하며 이를 산화력이라 한다. 활성산소는 세포를 공격해서 암이나 궤양 등의 원인이 되며 노화의 원인 중 하나로 추정된다.

　초콜릿에 들어 있는 카카오 폴리페놀(cacao polyphenol)은 천연의 카카오에 들어 있는 성분으로 카카오의 함유량이 많을수록 천연 카카오 폴리페놀 함유량도 많아진다. 폴리페놀은 활성산소의 활동을 억제하고 제거하여 그 독성으로부터 몸을 지키는 항산화 작용을 한다. 폴리페놀 외에도 카카오에는 에피카테킨, 카테킨, 탄닌 등의 항산화 물질이 들어 있다.

카카오 성분을 많이 함유한 초콜릿은 폴리페놀도 많이 포함하여 암 및 노화를 방지하는 효과가 기대된다.[15] 또, 카카오 폴리페놀은 건강에 좋은 효과가 있으며 신체적 스트레스 상황에서 감정에 따른 행동변화를 억제해서 스트레스 상황에 적응을 돕는 작용을 한다고도 한다. 동맥의 흐름을 원활하게 하고 심장병 예방에 도움이 된다고도 한다.[16]

일본의 제4회 초콜릿-카카오 국제 심포지엄에서 발표된 연구에 의하면, 카카오 폴리페놀은 전반적 스트레스뿐만 아니라 심리적 스트레스 상황의 상황적 행동변화도 억제하는 데 유효한 항스트레스 성분이 있다고 한다.[17]

식사를 만복 상태의 80% 정도만 하고 식후에 단것을 먹으면 즉시 혈당치에 영향을 주어 뇌로부터 만복 신호를 내기 때문에

---

15) 이형주, 「코코아 및 초콜릿의 암 예방 효과」(BK21 산학협동연구 보고, 2002).

16) 中村哲夫, 「カカオポリフェノ-ルの特徴と健康機能」, ≪New Food Industry≫ [食品資材研究会, 42(9), 2000].

17) 武田弘志, 「更年期のストレスにはポリフェノ-ル強化チョコ」(1998).

과식을 방지한다고 한다. 거꾸로 식전의 공복 때에 단것을 먹으면 혈당치가 올라가서 식욕이 감퇴한다. 이것은 혈당치만의 문제가 아니고 갑자기 단것을 먹으면 위가 당 반사를 일으켜 휴식 상태가 되어 연동운동을 멈추는 데서 일어나는 현상이다. 일본에서는 아나운서 출신의 유명 연예인이 발간한 『초콜릿 다이어트』라는 책이 화제를 모으며 하이카카오 제품이 여성들의 편안한 다이어트 방법으로 애용되기도 했다.

초콜릿에는 미용과 건강에 빠질 수 없는 식물섬유가 들어 있다. 카카오나 초콜릿에는 리그닌(lignin)을 주체로 하는 식물섬유가 다량 함유되어 있다. 리그닌은 혈압 상승을 억제하고 혈청 콜레스테롤 농도의 상승을 억제한다.[18]

초콜릿의 당분은 신경을 부드럽게 하고 피로를 풀어주는 역할을 한다. 따라서 초콜릿은 피로할 때나 안정이 필요하거나 신경과민일 때 효과적이다. 피로는 간장 내 글리코겐이 바닥이 나고 혈액 중에 당분을 공급할 수 없어 혈당치가 내려간 상태이기 때문이다. 당분은 즉각 혈당치를 정상화시키고 피로를 급속히 풀어준다. 외국의 호텔에서는 여행객의 건강을 위하여 베갯머리에 초콜릿을 놓아두기도 한다.

---

18) 辻啓介, 「カカオの植物纖維の機能」(第1回チョコレート·ココア國際榮養シンポヅウム, 1995).

영국 노팅엄 대학교의 생리학 교수인 이안 맥도널드(Ian MacDonald)에 따르면 카카오 폴리페놀은 뇌의 주요 부분의 혈액 흐름을 개선하는 작용을 하고 뇌 기능 증진에도 좋은 영향을 미친다고 한다. 초콜릿 성분의 하나인 테오브로민은 대뇌 피질을 부드럽게 자극해서 사고력을 올려준다. 카카오의 향은 정신을 안정시키고 집중력을 높인다. 알파파를 쉽게 내게 하는 효과가 있다.[19]

초콜릿에 있는 코코아버터에는 포화지방산이 많지만 코코아버터는 혈중 콜레스테롤에 대해 다른 포화지방산과는 다른 영향을 가진다고 한다. 이것은 코코아버터에 많이 함유된 스테아린산 때문인데 스테아린산은 혈중 콜레스테롤을 낮춰준다. 코코아버터에는 악성 콜레스테롤을 증식시키지 않는 올레인산, 스테아린산 등 양질의 지방산이 많다. 더욱이 이들 지방산은 체내흡수가 잘 안 되기 때문에 실제 칼로리 섭취량은 일반 칼로리 계산치보다 적다. 카카오 폴리페놀은 동맥 및 동맥 탄성섬유(elastin)에서 칼슘과 콜레스테롤 침착을 억제하며 항동맥경화작용을 하는 것이 확인되었다. 이 항동맥경화작용은 비타민 E 및 비타민 K_2의 작용과 유사하다. 이들은 공통으로 라디칼(radical)을 제거하는

19) 鳥居鎭夫, 「チョコレートの香の生理心理效果」(第3回チョコレート·ココア國際榮養シンポヅウム, 1997).

작용을 한다. 이 라디칼 제거작용이 카카오 폴리페놀의 항동맥
경화의 한 요인으로 추측된다.[20]

카카오가 많은 다크초콜릿은 악성 콜레스테롤인 저밀도 저단
백(LDL)의 산화 감수성을 낮춤으로써 혈관질환 위험을 감소시
킨다는 연구도 있다.[21]

카카오 폴리페놀은 혈압의 상승에 관여하는 성분인 안지오텐
신 전환효소(Angiotensin Converting Enzyme: ACE)의 저해 효과
가 있어서 혈압과 관련한 생리활성 효과가 있다고 한다.[22]

충치는 단것 때문이 아니라 세균이 증식하기 쉬운 상태가 계
속되기 때문에 발생한다. 카카오 폴리페놀은 충치를 예방하는
효과도 있다.[23] 또 카카오의 추출물이 치석을 억제한다는 연구
보고도 있다.[24] 미국 보스턴의 포사이스 치과센터(Forsyth

---

20) 瀬山義幸, 「Cacao Polyphenol 抗酸化物質(CMP)の抗動脈硬化作用」(第3
回チョコレート·ココア國際榮養シンポヅウム, 1997).

21) Ying Wang et al., "Effects of cocoa powder and dark chocolate on LDL
oxidative susceptibility and prostaglandin contradiction in human," *The
American Journal of Clinical Nutrition*(American Society for Nutrition,
2001, 74: 5).

22) 이만종 외, 「cacao bean으로부터 분리된 polyphenol 성분의 화학구조 분
석과 ACE 저해효과」[한국농화학회 41(1), 1998].

23) 권익부 외, 「cacao bean husk로부터 분리한 충치 예방물질의 구조 결정」
[한국생물공학회지 8(1), 1993].

24) 中村哲夫, 「カカオポリフェノ-ルの特徵と健康機能」(42(9), 2000).

〈표 3-9-1〉 초콜릿의 주요 영양 비교

	열량(cal)	단백질(g)	탄수화물(g)	지방(g)	나트륨(mg)	Percentage of U.S. R							
						단백질	비타민A	비타민C	비타민B1	비타민B2	나이아신	칼슘	철
아몬드 (1oz)	165	6	6	15	3	93	*	*	4	12.9	5	7.5	5.6
오렌지 (151g)	69.5	1	17.4	0.3	trace	2.3	6	113.3	10	3.5	3	6.5	*
밀크 초콜릿바 (1.5oz)	217	3	24	13.5	34.5	4.6	*	*	2	8.8	*	7.5	3.3
바나나 (미디엄, 114g)	105	1.2	26.7	0.5	1	2.6	*	17.3	3.3	6.5	3	*	*
씨 없는 건포도 (1.5oz)	128	1.4	34	0.2	5.1	3	*	2.3	4	*	*	2.1	4.9
땅콩 밀크초콜릿 (1.5oz)	232	6	19.5	16.5	28.5	13.3	*	*	7.3	6.5	10.5	7.4	3.3
치즈/ 땅콩버터 샌드위치 크래커 (1.5oz) 6개	240	6	30	12	540	9.2	*	*	16	10.6	18	4.2	10
사과 (130g)	77	1.2	19.8	0.5	105	*	*	12.4	*	*	*	*	*
아몬드 밀크초콜릿 (1.5oz)	225	4.5	22.5	15	34.5	6.9	*	*	2	10.6	*	9.8	4.2
당근 (72g)	31	1	7.3	0.1	25	*	405	11.2	4.7	2.4	3.3	*	2

*1일 섭취허용량의 2% 이하

자료: Figures are based on U.S. Department of Agriculture, Handboooks 8~9, 8~11, and Home and Garden Bulletin #72.

Dental Center)와 펜실베이니아 치과대학의 연구에 의하면 카카오와 초콜릿은 초콜릿에 함유된 설탕의 산 형성 능력을 저해하는 능력을 갖추고 있으며, 충치 형성을 초래하는 미네랄 제거 과정을 변화시켜 충치 형성을 방해하는 기능을 한다고 한다. 뉴욕 로체스터의 이스트먼 치과센터(Eastman Dental Center)의 연구에 의하면 밀크초콜릿의 단백질, 칼슘, 인, 기타 무기물이 치아의 에나멜을 보호하는 작용을 한다고 한다.

일본에서는 폴리페놀이 위궤양의 주범인 헬리코박터 파일로리(helicobacter pylori)균과 O-157 대장균의 살균 효과가 있다는 것을 확인한 연구도 있었다.[25] 코코아에 포함된 카카오 유리지방산에도 헬리코박터균의 감염 예방 작용과 살균 작용이 있는 것으로 밝혀지기도 했는데, 이 유리지방산은 헬리코박터균이 위점막에 부착되지 못하도록 하는 특성이 있고 헬리코박터균에 의한 위점막에서의 산화 스트레스 방어에도 효능이 있다.[26]

---

25) 佐藤進, 高橋俊雄, 亀井優德, 「ココア(カカオ豆)の新規機能」, ≪FFI Journal≫, No. 18(1999).

26) 박형환 외, 「카카오 폴리페놀의 항산화작용」(2000년 한국노화학회 춘계 학술대회, 2005).

제4부

초콜릿 품질

01 · 초콜릿 보관 및 물류 관리

초콜릿은 온도에 매우 민감하다. 제조과정에는 단계별로 적정온도가 있으며 유통과 진열에도 적정온도가 있다. 일반적인 초콜릿의 유통 및 진열에는 온도 13~21℃에 상대습도 70% 이하가 바람직하다. 경화 라우르산 계열 CBR을 사용한 초콜릿은 온도 16~18℃에 상대습도 70% 이하가 바람직하며, 분별 라우르산 계열 CBR을 사용한 초콜릿은 온도 20~22℃에 상대습도 70% 이하가 바람직하다. 초콜릿을 12℃ 이하에서 보관하면 적어도 생산 후 1년은 안정되고 블룸이 없는 상태를 유지할 수 있다.

템퍼링을 하지 않은 유지를 사용한 초콜릿은 템퍼링을 한 유지를 사용한 초콜릿보다 높은 온도에서 보관해야 한다. 라우르산 계열 CBR을 사용한 코팅 제품은 15.5℃ 이하에서 보관하면 광택이 빨리 사라지고 블룸이 빨리 생기는데, 이 현상을 라우르산 블룸(lauric bloom)이라 한다. 초콜릿을 지나치게 낮은 온도에서 보관하면 온도가 오를 때 응축하면서 슈거 블룸이 생긴다. 상대습도는 70%를 넘어서는 안 된다.

제품 제조 후 숙성에 적합한 조건은 온도 13~21℃에 상대습도 70% 이하이다. 생산한 제품은 보통 2주간 정도 숙성시켜 출고한다.

물류와 영업 등 전체 유통창고의 보관 조건은 온도 18~20℃에 상대습도 55% 이하가 적정하다. 운송 조건은 온도 22℃ 이하에서 냉장차량으로 운송하는 것이 품질을 잘 유지할 수 있다. 점포에서의 진열 온도는 26℃ 이하가 적합하다.

초콜릿을 장기간 비축할 때의 보관 조건은 온도 10~12℃에 상대습도 70% 이하가 적합하다. 입고는 온도 18~20℃에 상대습도 55% 이하에서 숙성시켜 하고, 수송은 온도 22℃ 이하에서 하도록 한다. 출고는 1일에 1~2℃ 상승시켜서 1주간 이상에 걸쳐 18~20℃로 올린 다음, 1주간 이상 18~20℃의 정온에서 보관한 후 하도록 한다.

02 · 초콜릿 장기보관

보통 탱크에서 초콜릿 보관 온도는 40℃ 이상으로 45~50℃가 적당하며, 온도의 증감 없이 일정하게 유지되어야 한다. 만일 60℃ 이상이 되면 풍미가 변할 수 있고 점도도 상승할 수 있다. 초콜릿을 탱크에서 장기간 보관하면 고형분과 유지가 분리되어 상층부에는 유지가 모이고 아랫부분에는 초콜릿의 고형물이 모여 걸쭉해지고 초콜릿의 맛도 변할 수 있다. 따라서 초콜릿의 배합 특성이나 사용 조건 등에 따라 보관 상태와 조건도 적합하게 설정해야 한다.

보관 중의 유지 분리나 균질성이 저하되는 것을 막기 위해서 탱크 안에서 교반을 잘해야 하는데, 교반의 속도는 탱크의 용량이나 보관 기간에 따라 다르다.

배합이나 전 단계 가공도 중요하다. 시간이 지나면서 점도가 증가하는 경우도 있지만 반대로 감소하는 경우도 있다. 만약 전 단계인 콘칭 공정이 불충분해서 유지가 고형분을 충분히 감싸지 못했으면 이러한 문제가 발생할 수 있다. 탱크 내의 교반기 구조

〈그림 4-2-1〉 초콜릿 탱크 및 탱크로리

가 잘못 된 경우에는 침전이 생길 수 있다.

카카오빈의 보관 및 유통에서처럼 액상 초콜릿도 주위의 평형상대습도가 높으면 수분을 흡수할 수 있다. 그렇게 되면 설탕 입자들이 서로 달라붙거나 점도가 상승해서 공정이 어려워진다. 보통 40℃에서 밀크초콜릿의 평형상대습도는 약 30%이다. 30%의 상대습도를 넘으면 초콜릿이 수분을 흡수할 수도 있다.

탱크에서의 이러한 조건들은 탱크로리 등으로 초콜릿을 운송할 때도 동일하게 적용할 수 있다. 운송 중 가열이 안 된다든지 국지적으로 가열되어 온도 편차가 생기면 안 된다.

장기간 사용하지 않거나 소량 사용을 반복하는 등의 이유로 초콜릿을 블록이나 드롭으로 만들어서 보관하는 경우가 있다. 이 경우 다시 사용하기 위해 녹일 때 너무 온도를 높여서는 안 된다. 온도가 너무 높으면 풍미가 변할 수 있다. 보통 60℃에서 완전히 녹인 후 45~50℃ 정도로 냉각해서 사용하면 된다. 사용 전에는 점도를 확인해서 필요하면 유지를 첨가하거나 유화제를 소량 첨가하여 조정한다.

〈그림 4-2-1〉은 초콜릿 저장 탱크와 초콜릿을 운송하는 탱크로리 차량이다. 탱크로리는 운송 과정에서 외기의 영향을 받으므로 보온이 특히 중요하다. 전기를 사용하여 탱크의 재킷 온도를 일정하게 유지하면 물성 변화를 최소화할 수 있다. 탱크로리로 운송할 경우에는 투입구와 토출구 부분의 위생에 각별히 주의하고 외부로부터의 오염을 막아야 한다.

03 · 초콜릿 관련 상수들

　초콜릿과 그 주요 원료인 카카오 성분들은 온도, 비열, 비중, 열전달 등에서 각각 특성이 있다. 제품의 개발과 제조 공정에서 이러한 특성들을 알아야만 정확한 제품 설계를 할 수 있다. 다음은 초콜릿 및 카카오 원료들과 관련된 주요 상수들(constants)이다.

〈표 4-3-1〉 초콜릿 및 카카오 원료 관련 주요 상수들

a. 비열(Specific Heat)

성분	상태 / 온도 범위	J/kg.℃ (SI unit)	Btu/lb.℉ (Imperial unit)
코코아매스	고체(solid) / 4~25℃	1970	0.47
	액체(liquid) / 30~59℃	1420	0.34
코코아버터	고체 / 15~21℃	2010	0.48
	액체 / 32~82℃	2090	0.5
초콜릿	액체/고체 / 15~40℃	1590	0.38
	액체 / 40~60℃	1670	0.4

자료: MC Publishing Co, *The Manufacturing Confectioner*(August, 1991), p43.

b. 평형상대습도(ERH)

성분	수분 함유량(%)	aW range	ERH(%)
초콜릿	0.1~0.5	0.4	35~40

자료: MC Publishing Co, *The Manufacturing Confectioner*(January, 1987), p65.

c. 밀도(Density)

성분	상태 / 온도 범위	g/cm3 (SI unit)	lb/ft3 (Imperial unit)
코코아매스	고체	1.1	68
코코아버터	고체 / 15℃	0.96~0.99	60
	액체	0.88~0.90	55
초콜릿	고체	1.3	80
	액체 / 40℃	1.2	76

자료: MC Publishing Co, *The Manufacturing Confectioner*(July, 1969), p49.

d. 열전도도(Thermal conductivity)

성분	상태 / 온도 범위	W/m.℃ (SI unit)	Btu/h.ft.℉ (Imperial unit)
코코아매스	60℃	0.21	0.123
코코아버터	액체 / 43℃	0.12	0.07
초콜릿	고체 / 21℃	0.09	0.05
	용해(melted)	0.16	0.09

자료: MC Publishing Co, *The Manufacturing Confectioner*(August, 1991), p43.; A. Dodson, *Thermal Conductivity of Foods*(BFMIRA, Leatherhead, 1975).

e. 잠열(Latent heat)

성분	J/g (SI unit)	Btu/lb (Imperial unit)
코코아버터	157	67.6
밀크 초콜릿	44	19
다크 초콜릿	46	20

자료: J. Chevalley, W. Rostagno, R. H. Egli, *A study of the physical properties of chocolate*(Rev. Int. Choc., 25.4., 1970).

04 · 냉각과 이슬점

일정한 압력 아래에서 공기를 서서히 냉각시켜 어떤 온도에 다다르면 공기 중의 수증기가 응결하여 이슬이 생기는데, 이 온도를 이슬점(dew point) 또는 이슬점 온도라고 한다. 이슬점은 수증기의 양에 의해 결정되므로 공기 속에 있는 수증기의 양을 나타내는 기준이 된다. 처음 기온이 같더라도 상대습도가 다르면 이슬점은 달라진다.

냉각기 안의 공기 온도가 이슬점 이하로 떨어지면 수분이 냉각기와 제품에 응축된다. 그러면 초콜릿의 표면이 깔끔하지 않게 되고 슈거 블룸을 일으킬 수도 있다.

이슬점은 건습구 온도계를 사용해서 측정할 수 있다. 이슬점 온도계로 직접 측정하는 경우도 있다. 이슬점 온도계는 금속의 표면을 서서히 냉각시켜 이슬이나 서리가 생길 때의 온도를 측정할 수 있는 온도계이다.

기온과 이슬점으로부터 상대습도를 산출하는 방법은 다음과 같다. 기온이 17℃이고 이슬점이 10℃이면 상대습도는 10℃에

〈표 4-4-1〉 물의 포화증기압(mmHg)

온도			온도			온도		
°F	℃	SVP*	°F	℃	SVP	°F	℃	SVP
32.0	0	4.6	44.6	7	7.5	57.2	14	12.0
33.8	1	4.9	46.4	8	8.0	59.0	15	12.8
35.6	2	5.3	48.2	9	8.6	60.8	16	13.6
37.4	3	5.7	50.0	10	9.2	62.6	17	14.5
39.2	4	6.1	51.8	11	9.8	64.4	18	15.5
41.8	5	6.5	53.6	12	10.5	66.2	19	16.5
42.8	6	7.0	55.4	13	11.2	68.0	20	17.5

*SVP: 포화증기압.

〈그림 4-4-1〉 습도계 도표[프랑스 부르고뉴 주 레슴(Lesme) 기준]

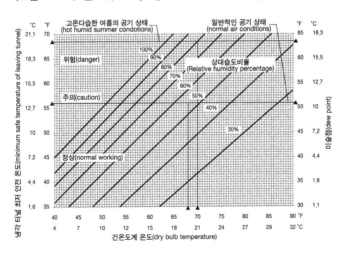

서의 포화증기압(saturated vapor pressure, 〈표 4-2-1〉)을 17℃에서의 포화증기압으로 나눈 것이다. 〈표 4-4-1〉에서 17℃에서의 포화증기압이 14.5mmHg이고 10℃에서의 포화증기압이 9.2mmHg라면 상대습도는 63%가 된다.

05 · 초콜릿 진열관리

초콜릿은 열에 약하므로 특히 하절기에는 유통과 진열 상태가 중요하다. 여름이라도 초콜릿을 진열하고 있는 매장에서 낮에는 냉방으로 적절한 온도 조건을 갖출 수 있지만, 문제는 냉방을 꺼서 온도 관리가 안 되는 밤이다. 초콜릿과 관련하여 기후적인 요소에 대해서 몇 가지 살펴보기로 한다.

야간 복사(nocturnal radiation)란 지표면으로부터 복사된 에너지에서 대기나 구름이 복사한 에너지를 뺀 차이다. 낮에는 흡수된 태양열로 지표 온도가 상승하여 있으므로 밤이 되어 대기 온도가 낮아지면 온도가 높은 지표에서 온도가 낮은 대기 쪽으로 복사전열이 일어나 열이 방출된다. 지표의 복사는 흑체 복사로 간주하므로 방출되는 복사 에너지는 슈테판-볼츠만의 법칙(Stefan-Boltzmann's law)에 따라 지표 온도의 4제곱에 비례한다. 복사 안개나 서리 등도 야간 복사의 일종이다.

열대야(tropical night)는 습도가 높고 밤 동안의 최저 기온이 25℃ 이상이며 일 최고 기온이 30℃ 이상인 한여름에 나타나는 현상이다. 이처럼 낮에 온도가 높으면 그 영향이 밤까지 이어진다. 이러한 현상은 초콜릿의 유통에도 영향을 미친다.

예를 들어 전체가 통유리로 둘러싸이고 출입구와 창문이 작아 공기순환이 잘 안 되는 장소는 낮 기온이 20℃ 이상일 때 내부 온도는 30℃를 훌쩍 넘는다. 외기 온도 32℃일 때 포장된 박스를 직사광선에 30분 노출시키면 박스 내부의 온도는 36℃까지 오른다. 에어컨이 없으면 여름철 평균 실내온도는 바깥 온도보다 3~4℃ 높다고 한다. 하절기에 기온이 30℃를 넘을 때 냉방장치가 없는 경우에는 초콜릿이 녹을 수 있다. 여름이 지나 가을이 오면 열에 녹았다가 다시 굳은 초콜릿 제품들에 블룸이 발생해 반품이 늘어날 수 있다.

06 · 코코아매스 관능 평가법

초콜릿의 고유한 맛에 가장 큰 부분을 차지하는 재료는 코코아매스이다. 따라서 초콜릿의 맛을 평가하려면 코코아매스의 맛을 평가하는 것이 우선이다. 코코아매스의 관능 평가법 가운데 두 가지 방법을 소개한다. 앞에서도 언급했듯이 맛의 평가가 객관적으로 수용되려면 관능 평가에 대한 훈련과 숙달이 필요하다.

1. 드잔 방법(deZaan Method)

   (1) 코코아매스를 균일하게 저으면서 50℃까지 가열한다.

   (2) 코코아매스 3.5g과 설탕 2.5g을 100ml 비커에 넣는다.

   (3) 55℃의 따뜻한 물 50ml를 첨가하여 혼합한다.

   (4) 현탁액을 5~10초간 맛보고 뱉는다.

   (5) 시료를 평가할 때마다 입을 헹구어서 편차를 없앤다.

2. 게르켄스 방법(GERKENS Method)

   (1) 물에서의 맛 테스트

      ① 코코아매스 4g을 비커에 넣는다.

② 설탕 7g을 첨가한다.

③ 70℃의 따뜻한 물 100ml를 넣는다.

④ 잘 교반한 후 평가한다.

(2) 물이나 설탕을 넣지 않고 코코아매스만의 순수한 상태
로 관능 평가

07 · 코코아분말 관능 평가법

카카오의 또 다른 재료인 코코아분말의 관능 평가법 가운데 두 가지 방법을 소개한다.

1. 드잔 방법(deZaan Method)
   (1) 코코아분말 2g과 설탕 2.5g을 100ml 비커에 넣는다.
   (2) 55℃의 따뜻한 물 50ml를 첨가하여 균질한 현탁액 상태로 혼합한다.
   (3) 8.3ml의 현탁액을 컵에 넣고 뚜껑을 덮는다.
   (4) 현탁액은 50℃를 유지한다(통상 6인분 정도 준비한다).

2. 게르켄스 방법(GERKENS Method)
   (1) 물에서의 맛 테스트
      ① 코코아분말 3g을 비커에 넣는다.
      ② 설탕 7g을 첨가한다.
      ③ 70℃의 따뜻한 물 100ml를 넣는다.

〈그림 4-7-1〉 코코아분말 관능 평가　　　　　(참고사진: 285쪽)

자료: deZaan, *The cocoa manual*(deZaan, 1993).

　　　④ 잘 교반한 후 평가한다.
　(2) 우유에서의 맛 테스트
　　　① 코코아분말 2g을 비커에 넣는다.
　　　② 설탕 8g을 첨가한다.
　　　③ 70℃의 따뜻한 우유 100ml를 넣는다.
　　　④ 잘 교반한 후 평가한다.

08 · 초콜릿 실험 장비

    초콜릿 산업은 장치산업이라 할 수 있다. 다양한 설비와 정확한 공조 시스템이 필요하다. 제품의 특성이 분명하고 섬세한 것처럼 원료부터 제조, 보관, 유통 나아가 취식에까지 섬세함이 요구된다. 초콜릿의 연구 및 개발, 품질관리 등에 필요한 다양한 장비들 가운데에서 생산이 아닌 실험실 수준에서 기본적으로 필요한 실험 장비들은 〈표 4-8-1〉과 같다.

〈표 4-8-1〉 초콜릿 관련 실험장비 예

항목	장비
입도(Particle size)	스크루식 마이크로미터(Micrometer screw), 현미경(Microscope), 레이저 회절기(Laser diffraction)
점도(Viscosity)	점도기(Viscometer)
당도(Brix)	디지털 당도기(Digital refractometer)
수분 함유량(Water content)	칼 피셔(Karl Fischer), 수분측정기(Thermo-balance)
예비결정화 (Pre-crystallization)	템퍼 측정기(Temper meter), 템퍼링 테이블(Tempering table)
초콜릿 페이스트 (Paste making)	믹서(Mixer), 롤러(Roller), 콘체[Conche(pilot)]
거르기(Sieving)	체(Sieve)
냉각(Cooling)	냉장고(Refrigerator), 냉장실(Cold chamber)
진동(Shaking)	진동기(Shaker)
코팅(Coating)	코팅 팬(Coating pan)
추가설비 (Additional Lab Equipment)	온장고(Heating cabinet)
	항온수조(Water bath)
	카카오빈 커팅기(Cacao bean cutting unit)
	저울(Balance)
	미세저울(Microbalance)
	쿠커[Cooker(pilot)]
	막자사발(Mortar), 주걱(Spatula)

09 · 피그 시스템

　만들어진 여러 종류의 초콜릿 페이스트를 생산 라인에 보내 제품을 생산할 때 부득이하게 같은 배관으로 다른 종류의 초콜릿 페이스트를 보내야 하는 일이 생긴다. 이때 서로 다른 초콜릿이 혼합될 수 있다. 이러한 혼합을 방지하기 위해 배관에 남아 있는 초콜릿을 제거해야 한다.

　배관에 남아 있는 초콜릿을 제거하는 장치로 피그 시스템(pig system)이 있다. 압축공기로 배관에 남아 있는 초콜릿을 배출시키는 방법도 있지만, 배관 벽에 붙어 있는 점성이 높은 초콜릿을 전부 배출시키기에는 부족한 면이 있다.

　피그(pig)는 파이프 내의 물질을 닦는 물체로 재질은 주로 폴리우레탄이나 실리콘이고 형태는 배관에 따라 다양하다〈그림 4-9-1〉. 압축공기나 다른 추진체 등을 사용하여 피그를 배관 안에서 밀어 내부를 청소하는 것을 피깅(pigging)이라 한다. 피그가 움직이는 방향은 한 방향일 수도 있고, 처음 방향과 반대로 다시 밀어 양 방향일 수도 있다. 피그는 배관의 구부러진 부분에서

〈그림 4-9-1〉 피그 시스템의 개요 및 주요 구조　　(참고사진: 286쪽)

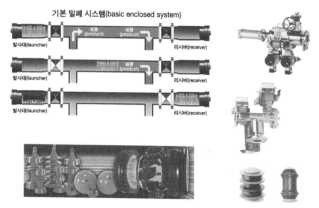

자료: www.inlineservices.com; www.kiesel-online.de.

도 유연하게 움직일 수 있도록 만들어져 효과적이다.

　　피그 시스템으로 품질 문제를 해결할 수 있고 배관 내 내용물
이 폐기 등으로 손실되는 것을 줄여 비용 절감 효과도 얻을 수 있
다. 그러나 배관 안의 어느 위치에 피그가 있는지 확인하기 어려
운 문제점이 있다.

참고문헌

권익부 외. 1993. 「cacao bean husk로부터 분리한 충치 예방물질의 구조 결정」. 한국생물공학회지 8(1).

박형환 외. 2005. 「카카오 폴리페놀의 항산화작용」. 2000년 한국노화학회 춘계 학술대회.

이만종 외. 1998. 「cacao bean으로부터 분리된 polyphenol 성분의 화학구조 분석과 ACE 저해효과」. 한국농화학회 41(1).

이형주. 2002 「코코아 및 초콜릿의 암 예방 효과」. BK21 산학협동연구 보고.

蜂屋巖. 1992. 『チョコレートの科學―苦くて甘い「神の惠み」』. 講談社.

佐藤進, 高橋俊雄, 龜井優德. 1999. 「ココア(カカオ豆)の新規機能」. ≪FFI Journal≫, No. 18.

武田弘志. 1998. 「更年期のストレスにはポリフェノール强化チョコ」.

辻啓介. 1995. 「カカオの植物纖維の機能」. 第1回チョコレート・ココア國際榮養シンポヅウム.

鳥居鎭夫. 1997. 「チョコレートの香の生理心理效果」. 第3回チョコレート・ココア國際榮養シンポヅウム.

中村哲夫. 2000. 「カカオポリフェノールの特徵と健康機能」. ≪New Food Industry≫, 42(9). 食品資material研究會.

瀨山義幸. 1997. 「Cacao Polyphenol 抗酸化物質(CMP)の抗動脈硬化作用」. 第3回チョコレート・ココア國際榮養シンポヅウム.

A. S., Lopez and C. R., McDonald. 1981. "A definition of descriptors to be used for the qualification of chocolate flavours in organoleptic testing". *Revista Theobroma*, 11(3). pp. 209~217.

Beckett, T. Stephen and Harding, Jennifer and Freedman, Barry. 2000. *The Science of Chocolate*. The Royal Society of Chemistry.

Beckett, T. Steve. 1999. *Industrial Chocolate Manufacturing and Use*, 3rd ed.. Wiley-Blackwell.

Chevalley, J., Rostagno, W., Egli, R. H.. 1970. *A study of the physical properties of chocolate*. Rev. Int. Choc., 25.4..

Coe, D. Sophie and Coe, D. Michael. 1996. *The True History of Chocolate*. Thames and Hudson.

Cook, L. Russell. 1982. *Chocolate production and use*. Harcourt Brace Jovanovich, Inc.

Crespo, Silvio. 1986. *Cacao Beans Today*. Wilbur Chocolate Co..

deZaan. 2009. *deZaan Cocoa & Chocolate Manual*, 40th anniversary edition. ADM Cocoa International.

_____. 1993. *The cocoa manual*. deZaan.

Dodson, A.. 1975. *Thermal Conductivity of Foods*. BFMIRA, Leatherhead.

Karlshamns. 1993. *Vegetable oils and fats*, 2nd edition, Karlshamns.

Knight, Ian. 1999. *Chocolate and Cocoa: Health and Nutrition*. Wiley-Blackwell.

MC Publishing Co. 1969. 1981. 1987. 1991. 1994. 1995. 1996. 1998. 1999. *The Manufacturing Confectioner*. MC Publishing Co.

Mark, Weyland. 1994. "Functional Effects of Emulsifiers in Chocolate". *The Manufacturing Confectioner*. MC Publishing, May, 1994.

Minifie, W. Bernard. 1989. *Chocolate, Cocoa and Confectionery: Science and Technology*, 3rd edition, Aspen Publication.

USDA National Nutrient Database for Standard Reference, Release 19.,1994.

Wang, Ying et al.. 2001. "Effects of cocoa powder and dark chocolate on LDL oxidative susceptibility and prostaglandin contradiction in human", *The American Journal of Clinical Nutrition*. American Society for Nutrition, 2001, 74: 5.

www.inlineservices.com.

www.kiesel-online.de.

찾아보기

그림 1-2-1 | 카카오열매의 발효 과정

❶ 카카오나무 ❷ 줄기에 열린 카카오포드 ❸ 카카오포드와 카카오빈

그림 1-2-1 ｜ 카카오열매의 발효 과정

❹ 바나나 잎으로 덮은 카카오열매 ❺ 발효상자 ❻ 자연건조 중인 카카오빈 ❼ 건조 후 포장한 카카오빈

그림 1-4-1 │ 카카오빈의 절단 테스트 예

그림 1-4-2 │ 카카오빈 절단면과 발효 상태

❶ 완숙(적갈색) ❷ 반발효(보라색) ❸ 미발효(암회색)

자료: deZaan, *The cocoa manual*(deZaan, 1993).

그림 1-6-1 | 수분을 흡수하여 곰팡이가 발생한 카카오빈

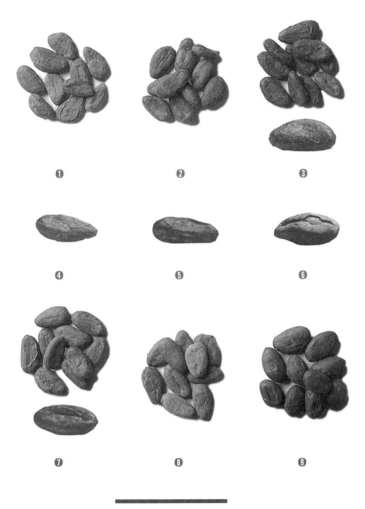

그림 1-7-2 │ 산지별 카카오빈

❶ 카메룬 **❷** 말레이시아 **❸** 브라질 **❹** 탄자니아

❺ 상투메 프린시페 **❻** 도미니카 (산토도밍고) **❼** 가나 **❽** 코트디부아르 **❾** 인도네시아

자료: deZaan, *Cocoa & Chocolate Manual*, 40th anniversary edition(ADM Cocoa International, 2009).

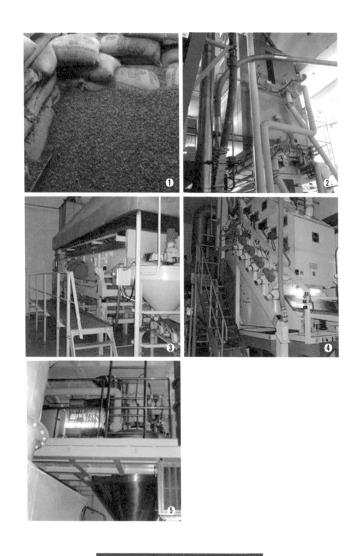

그림 1-8-2 | 코코아매스의 가공 공정과 설비

❶ 카카오빈 투입 feeding ❷ 이물질 제거 cleaning ❸ 껍질 제거 전처 pretreatment
❹ 분쇄 및 탈피 breaking and winnowing ❺ 카카오닙 반응 reacting

그림 1-8-2 | 코코아매스의 가공 공정과 설비

❻ 로스팅 roasting ¹ 배치식 로스터, 바르트(Barth)사 로스터 / ² 연속식 로스터, 뷜러(Buhler)사 로스터
❼ 미세화 grinding ¹ 시어 밀(shear mill) / ² 스톤밀(stone mill) / ³ 볼밀(ball mill)

그림 1-9-1 | 코코아분말의 다양한 색상

자료: deZaan, *The cocoa manual*(deZaan, 1993).

그림 1-14-1 | 설탕의 결정형태

❶ 표면이 무정형 상태인 설탕 결정　❷ 표면이 깨끗한 설탕 결정

자료: Buhler, Sweet Prossecing.

그림 1-24-1 | 발효 전후의 바닐라

그림 2-13-1 | 초콜릿 용해 설비

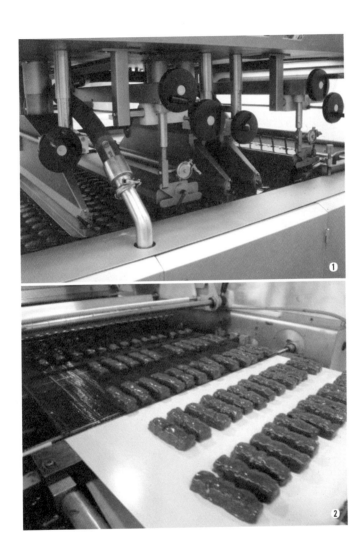

그림 2-17-1 | 엔로버와 엔로빙된 제품

❶ 초콜릿 피복 설비 2개와 공기 분사 장치 3개를 가진 엔로버 ❷ 엔로버를 통과한 제품 상태

그림 3-1-1 | 초콜릿 드롭의 예

❶ 쿠키 칩 등에 사용되는 초콜릿 드롭 ❷ 용해용 초콜릿 드롭

그림 3-2-1 | 유지 블룸이 발생한 초콜릿바 제품

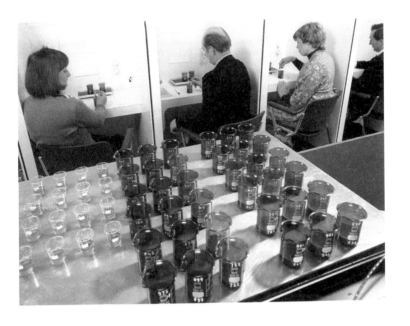

그림 4-7-1 | 코코아분말 관능 평가

자료: deZaan, *The cocoa manual*(deZaan, 1993).

기본 밀폐 시스템(basic enclosed system)

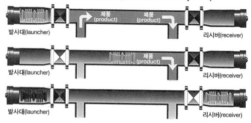

그림 4-9-1 | 피그 시스템의 개요 및 주요 구조

자료: www.inlineservices.com; www.kiesel-online.de.

지은이 **김종수**

•

서울대학교 식품공학과와 보건대학원을 졸업했다. 광주보
건전문대학에서 잠시 보건학과 관련된 강의를 했고 1991년부
터 롯데중앙연구소에서 연구원으로서 초콜릿 관련 연구개발
업무를 해왔다. 현재는 식품기술사와 롯데중앙연구소의 수석
연구원으로서 연구 및 개발과 관련된 일을 하고 있다.

•

카카오에서 초콜릿까지

ⓒ 김종수, 2012

지은이 | 김종수
펴낸이 | 김종수
펴낸곳 | 도서출판 한울

편집책임 | 이교혜
편집 | 임정수

초판 1쇄 발행 | 2012년 11월 20일
초판 2쇄 발행 | 2015년 4월 5일

주소 | 413-756 경기도 파주시 광인사길 153 한울시소빌딩 3층
전화 | 031-955-0655
팩스 | 031-955-0656

홈페이지 | www.hanulbooks.co.kr
등록 | 제406-2003-000051호

Printed in Korea
ISBN 978-89-460-4979-6 03570 (양장)
   978-89-460-4980-2 03570 (학생판)

* 책값은 겉표지에 표시되어 있습니다.